华中农业大学公共管理学院学科建设经费资助
国家社会科学基金青年项目（11CZZ030）成果

公共政策与社会治理论丛

城市垃圾治理中的
公众参与研究

张莉萍/著

科学出版社
北　京

内 容 简 介

本书以我国城市垃圾快速增长、垃圾问题引发的环境污染问题和邻避冲突等群体性事件迅速增多为背景，对城市垃圾治理中的公众参与问题进行了系统研究。本书梳理了公众参与理论、城市垃圾治理相关理论及当前的研究状况，介绍了我国城市垃圾治理的历史和现实状况，总结分析了垃圾治理和公众参与垃圾治理等方面的法律、法规、政策制度规定，研究探讨了我国城市垃圾治理中公众参与的主体、各主体主要参与方式、参与的成效和面临的问题，筛选了实践中的典型事例，介绍了实践中的创新，研究借鉴了国内外的经验，提出了未来推进垃圾治理中公众参与的路径，并从不同角度对垃圾治理中的热点和重点问题——垃圾分类、电子废弃物回收处理、垃圾设施的邻避等进行了专门的研究，提出了我国城市垃圾治理中的公众参与应建立的模式。

本书主要面向公共管理、城市管理领域的研究人员、管理人员及高等院校师生。

图书在版编目（CIP）数据

城市垃圾治理中的公众参与研究 / 张莉萍著. —北京：科学出版社，2019.11

（公共政策与社会治理论丛）

ISBN 978-7-03-063044-5

Ⅰ. ①城… Ⅱ. ①张… Ⅲ. ①城市–垃圾处理–公民–参与管理–研究–中国 Ⅳ. ①X799.305

中国版本图书馆 CIP 数据核字（2019）第 254813 号

责任编辑：邓 婳／责任校对：贾娜娜
责任印制：吴兆东／封面设计：无极书装

科 学 出 版 社 出版
北京东黄城根北街 16 号
邮政编码：100717
http://www.sciencep.com

北京虎彩文化传播有限公司 印刷
科学出版社发行 各地新华书店经销
*

2019 年 11 月第 一 版 开本：720×1000 B5
2020 年 1 月第二次印刷 印张：10 1/4
字数：210 000
定价：**82.00 元**
（如有印装质量问题，我社负责调换）

"公共政策与社会治理论丛"总序

  公共管理学科是管理学、经济学、政治学、法学和社会学等相关学科交叉而形成的一门应用型学科。自从 20 世纪 20 年代引进我国以后，特别是中华人民共和国成立、改革开放以来，公共管理理论与方法得到了长足的发展。国家治理体系，社会组织与社会治理能力，国家发展与国际竞争战略，能源、资源、环境与可持续发展战略，人口、卫生与社会保障，公共安全与危机管理，创新体系与公共政策成为国际公共管理学科普遍关注的重大课题。随着我国经济社会转型，政府法制化建设、政府职能转变、公共部门和非营利组织的发展，公共管理理论与方法研究已经在国家体制机制改革、政府和社会治理能力建设、改善民生中发挥着越来越重要的作用。

  华中农业大学公共管理学科有近 60 年的历史。1961 年创办了全国第二个公共管理本科专业（土地资源管理）；1987 年获得全国第一个公共管理类硕士点（土地资源管理）；1996 年获得全国农业院校第一个教育经济与管理硕士点；2003 年获得全国第三批土地资源管理博士点；2005 年获得公共管理一级硕士点；2012 年获得公共管理博士后流动站；2015 年开始招收行政管理专业本科生。2018 年获得公共管理一级博士点。经过近 60 年，在几代华农公共管理人的不懈努力下，华中农业大学已经成为中国公共管理本科、硕士、博士和博士后教育体系齐全的人才培养重要基地。

  华中农业大学 1960 年建立土地规划系；1996 年成立土地管理学院；2013 年土地管理学院从经济管理学院独立出来与高等教育研究所组成公共管理学院。经过近 60 年的研究积累，已经形成了行政管理与乡村治理、公共政策与社会服务、土地资源管理和教育经济管理等四个稳定的研究方向。近年来主持教育部哲学社会科学重大课题攻关项目 1 项，国家自然科学基金项目 36 项，国家社会科学基金项目 21 项，教育部人文社会科学基金、博士点基金项目 20 项，中国博士后科学基金项目 15 项。

  华中农业大学公共管理学科在兄弟院校同行的大力支持下，经过学科前辈的艰苦奋斗，现在已经成为中国有影响力的、重要的人才培养、社会服务、科学研究基地。《县级政府基本公共服务质量管理体系研究》《新型城镇化进程中的县域合作治理研究》《典型治理——基于联系点制度运作的分析》《基于信任的网络社区口碑信息传播模式及其演化研究》《农村综合信息服务：供求分析、模式设计与制度安排》《研究生全面收费的政策分析：目标、限度与改进》《城市垃圾治理中的公众参与研究》《房地产市场与股票市场的关联性研究——基于政府治理的视角》《城市弱势群体住房保障制度研究》等为华中农业大学公共管理学科教师承担的国家自然科学基金、国家社会科学基金和教育部人文社会科学基金项目的部分研究成果，组成"公共政策与社会治理论丛"。

"公共政策与社会治理论丛"的出版，一来是对我们过去在四个研究方向所取得的研究成果的阶段性总结；二来是求教、答谢多年来关心、支持华中农业大学公共管理学科发展的领导、前辈、国内同行和广大读者。

张安录

2018 年 1 月 20 日

前　　言

　　城市垃圾治理关乎国计民生，关乎每个人的切身利益，也关乎社会稳定，必须及时进行研究，寻找治理方案。在传统的决策和管理方式遇到新问题的挑战而成效不佳甚至出现严重冲突的情况下，城市垃圾治理需要更为广泛的、深度的公众参与。因此，笔者力图在前人研究的基础上，对城市垃圾治理中的公众参与问题进行全面、系统的研究，对公众参与的主体及其参与方式、公众参与的重点领域进行深度分析，并在此基础上，提出促进公众参与的方向和适合我国当前实际的、具有可操作性的针对性建议，为我国城市垃圾治理"善治"的实现提供有价值的参考意见。本书广泛而全面地搜集了城市垃圾治理及其研究的相关资料，对城市垃圾治理中的公众参与的理论和实践问题进行了系统梳理，探讨了"垃圾政治"问题，明确提出城市垃圾治理的发展方向，笔者希望这些成果能够对城市垃圾治理的理论研究和公众参与问题的深入研究有所贡献。

　　在梳理公众参与的相关理论之后，笔者首先对我国城市垃圾治理的历史和现状进行考察，介绍我国城市垃圾的产生量、处理方式、管理体制及法律制度，进而指出当前我国城市垃圾治理存在的主要问题：第一，垃圾产生量大而源头减量甚微；第二，日益成为主要处理方式的垃圾焚烧面临巨大的社会争议；第三，垃圾处理设施选址困难，频频遭遇邻避冲突，被迫延缓或放弃选址规划；第四，作为减少垃圾终端处理量和垃圾焚烧的前提——垃圾分类推广不顺利；第五，作为资源属性和污染属性都较强的特殊的城市垃圾——电子废弃物的回收处理仍然不够全面和规范。

　　笔者认为，从我国城市垃圾治理面临的问题和世界范围内城市垃圾治理取得的经验来看，公众参与在城市垃圾治理中的重要意义有以下几点。第一，参与垃圾治理既是公众的义务，也是公众的权利。在城市中，人人都是生活垃圾的制造者，人人都对垃圾污染负有责任；同时，人人都是城市的主人，都有权利参与城市垃圾的治理。第二，公众参与不但有利于提高垃圾政策的科学化和可行性，而且有利于促进垃圾源头减量，有利于与垃圾相关的公共设施的顺利建设，从长远来看，有利于城市经济的管理和可持续发展。第三，公众参与有利于城市"垃圾文化"的建设。更好的垃圾管理需要改变人们对垃圾的认知，进而改变与垃圾相关的行为习惯，建立和发展垃圾文化。第四，没有公众的积极参与，一些与垃圾治理相关的工作将寸步难行，最典型的就是垃圾源头分类。第五，公众参与城市垃圾治理，也是公众参与的重要实践。随着我国民众权利意识的日渐觉醒，以及一群富有公民意识、理性成熟的民众群体的崛起，政府的执政智慧和能力面临全面的考验。通过城市垃圾治理领域中的公众参与实践，政府和公民都将得到锻炼和成长，对我国公众参与的总体推进具有重要的示范意义。

由于公众参与在城市垃圾治理中的意义十分重大，城市管理者和城市管理的研究者必须对城市垃圾治理中的公众参与进行充分研究和努力推动。本书全面梳理了与环境保护、城市规划、垃圾治理相关的法律、法规、规章和规范性文件中的公众参与城市垃圾治理有关的规定。这些规定为我国城市垃圾治理中的公众参与提供了基本的制度性保障，也推动了公众参与的实践，随着公众参与制度不断完善，一些规定的可操作性也越来越强。不过，总体而言，我国相关的法律和制度对公众参与的规定大多还是原则性的、宏观的，不够全面和具体，存在具体的参与程序不规范、不科学的情况，参与程序可执行性不够，公众参与的有效性不高。

公众参与城市垃圾治理的主体主要有个体公众、企业和社会组织。他们以各自不同的方式进行参与：个体公众以普通居民、专家学者、志愿者、直接利益相关者和拾荒者等身份进行参与；企业通过市场化自主参与，或者通过公私合作伙伴关系（public-private partnership，PPP）（在我国称为政府与社会资本合作）项目进行参与，也会通过做公益的形式进行参与；社会组织则主要包括关注垃圾议题的代表性非政府组织（non-governmental organization，NGO）及合作平台，它们在垃圾治理的前端减量、末端监督和政策倡导等领域发挥着自己的作用。其开展工作的方式有：自行或协助政府进行相关宣传和推广，成立基金会支持组织和个人的相关努力，对公开发布的信息进行监督、统计和分析，发布调研数据，公开提出意见建议，游说人大代表，等等。总体而言，关注垃圾议题的环保组织尚处于发展阶段，数量少，规模小，资金短缺，缺乏解决方案或成功经验，参与能力有待提升。近年来，在政府职能转变过程中，政府购买服务成为社会力量参与城市垃圾治理的新形式。总体来说，城市垃圾治理的各参与主体均发挥了积极的作用，但也都存在着自身的不足，且缺少互动合作，导致公众参与的有效性还不高，这些问题亟待研究和改进。

为了探讨如何改进我国城市垃圾治理中的公众参与，笔者详细研究和介绍了城市垃圾治理公众参与的国内外经验。国内外经验给我国公众参与的进一步发展带来了启示，结合我国社会经济发展的实际，笔者认为，我国政府和各参与主体应该在"城市垃圾治理迫在眉睫""政府与公众对城市垃圾治理都负有责任""城市垃圾治理中公众参与必不可少且至关重要"等共识基础上，各自更好地担负责任、采取行动，共同推动城市垃圾治理中公众参与的深化发展。其中，政府的责任是完善公众参与制度，为公众参与提供支持；企业则需增强责任感并承担更多的责任；社会组织应更积极地参与到垃圾治理的议题中来，并提高自身专业能力和沟通能力，发挥自身亲民的优势；而个体公众则应在维护自身利益的同时，承担作为垃圾排放者的责任，为了公益而进行参与；等等。

总之，我国城市垃圾治理中的公众参与已经得到一定程度的发展——在一些政策的决策过程中有了表达意见的机会，在具体政策执行的过程中除了履行政策规定的义务，也有机会提供相关产品和服务，甚至在一些项目中获得了监督企业运行的机会。不过总体而言，城市垃圾治理中的公众参与尚处较低层次，各地发展也不平衡。笔者认为，我国城市垃圾治理中的公众参与的发展方向应该是：中央政府进行鼓励公众参与的顶层设计—省级政府保证国家法律实施—市级政府具体操作，各级政府与社会组织、企业和个体公众建立基于信任的合作关系，不断增强公众参与的广度、深度与有效性，增强参与主体间的多元互动，最终走向城市垃圾的合作治理。

在对我国公众参与城市垃圾治理问题进行了系统梳理和总体研究之后，笔者以政策工具、政策过程为研究视角，对城市垃圾治理中的重点问题——城市垃圾分类、电子废弃物回收处理中的公众参与进行了专门分析。首先，以垃圾分类政策为例，探讨了作为政策工具的公众参与在我国的应用情况及其促进措施。笔者分析认为，目前我国的垃圾分类政策工具选择中，命令控制型政策工具占据主导地位，经济激励型和社会参与型政策工具正在受到更多关注，但发展还不够完善。其中，社会参与型政策工具的使用面临着公众环保意识、参与意识不够强，政府信息不够公开，企业介入不足，关注垃圾分类的 NGO 数量少、规模小、能力弱等问题。在充分分析每类政策工具的应用条件和特征的前提下，垃圾分类政策工具需进行优选和组合应用，以发挥各个政策工具的优势和工具间的互补优势，使政策工具运用效果最大化，作为政策工具的公众参与，也就能够在这个过程中得到更好的发展。其次，通过对电子废弃物回收处理政策过程中的公众参与的分析，笔者认为，从政策过程角度来看，城市垃圾治理的公众参与应该是在政策过程中的全程参与。全程参与可以有效提高公众参与的实效，有利于提高政策的科学性和可执行性及执行效果，确保城市垃圾治理目标的实现。

随着城市垃圾的不断增加和垃圾处理事务的日益复杂，垃圾问题正日益成为城市政治中的重要话题之一。当前，我国垃圾设施建设面临着比较严重的邻避困境，是必须研究和关注的问题。为此，本书在第 8 章专门探讨了城市垃圾设施邻避困境的化解问题，通过这个问题来探究"垃圾政治"中的公众参与。笔者总结归纳了我国城市建设中的邻避困境及主要的垃圾设施邻避冲突事件，详细介绍了国内外化解邻避冲突的经验教训，结合我国城市垃圾处理设施建设中的公众参与的状况，提出了通过推进公众参与化解邻避冲突的观点和途径：政府公共管理者需要提高自身的认知水平和行为能力，强化企业的主体地位和责任，注重公民培育，以及推动公众参与的制度化、法制化。只有公众的全程、深度参与，才有可能从根本上化解垃圾设施邻避困境。事实证明，在垃圾设施邻避冲突化解的过程中，我国政府和公众都在成长。

在快速城市化的时代，以怎样的方式认识和处理城市生活产生的数量越来越庞大的垃圾，事关每个人的行为和切身利益，在传统管理方式成效不佳的情况下，需要更为广泛而深度的公众参与。通过公众参与，厘清利益纠葛，界定政府的权力和公众的权利与义务，推动政府与社会的合作治理，将会实现城市垃圾的"善治"。与此同时，垃圾治理中的公众参与将推动政府执政方式的转变，也会促进公众的教育、自我教育和成长，从而为推进我国社会治理体系和社会治理能力现代化提供一个切入点和一个契机。通过对国外的学习和模仿来解决问题变得越来越困难，社会治理方式方法的创新，需要我们自己探索。而在探索创新的过程中，我国拥有自身的优势，那就是我国互联网的发展——"互联网+"的推进、企业的创新及政府对这种创新的政策宽容。互联网及信息技术的不断发展，为我国城市垃圾公众参与的推进提供了技术、思维和创新条件，提供了变革的巨大机遇，而变革的真正发生，则离不开企业的创新精神，离不开政府的政策鼓励和大力支持，离不开社会公众的合理推动。在党和国家努力推动公众参与，建设生态文明，将推进国家治理体系和治理能力现代化作为全面深化改革的总目标的大背景下，在互联网和信息技术的助力下，可以预期，我国城市垃圾治理中的公众参与必将得到快速的发展，城市垃圾问题必将得到很好的解决；公众参与城市垃圾治理对城市治理、国家治理的推动作用，也必将显现出来。

受能力和条件所限，本书虽然对城市垃圾治理公众参与进行了全面系统的研究，但是在研究深度方面尚存在欠缺。例如，未能对具体案例进行介入、跟踪和研究，对参与主体主动参与动机的激发和可持续性研究不足。此外，如何构建有利于城市垃圾治理的社会文化等问题，也尚需深入研究。

在研究和写作过程中，笔者得到了山东大学政治学与公共管理学院、华中农业大学公共管理学院各位同事和领导的热情帮助与支持，参考、借鉴了众多专家学者的研究成果，得到了济南市城市管理局等部门和单位的配合，在此一并致以诚挚的谢意！此外，还要感谢我的研究生们，尤其是唐丽梅、张中华、尹云对本书第 5 章、第 6 章和第 7 章的贡献。最后，感谢我的家人一直以来的关心、鼓励和支持，你们的陪伴是我不竭的动力！

张莉萍

2018 年 5 月 31 日

目　　录

第1章 导 论

生活垃圾是城市生活方式最大的副产品之一。20 世纪 80 年代以来，城市的发展使得越来越多的固体废弃物以前所未有的速度在城市产生和聚集，导致城市周边被垃圾填埋场和大大小小的露天垃圾堆放点包围，多地出现了"垃圾围城"的现象，而我国城市垃圾问题也日益凸显。"垃圾围城"不但严重降低了城市和郊区的环境质量，而且引发了越来越多的社会冲突与矛盾，影响着城市的和谐、可持续发展。随着"垃圾围城"现象和危害性的日益严重，城市垃圾治理问题在世界各国已成为重要的政治议题和学术课题。由于城市垃圾回收处理与公众的日常生活息息相关，而垃圾处置场所选址等问题更关系到公众的切身利益，以公众参与为视角对城市垃圾问题进行研究便成为国内外相关研究中的重要主题。

1.1 研究背景及缘起

1.1.1 研究背景

1. 全球城市垃圾困局和我国城市垃圾问题的凸显

从古至今，"顺手丢弃"通常是人类处理生活垃圾的方式。这种方式在游牧和散居时代没有什么问题，但随着人类逐渐选择定居和聚居方式的变化，尤其是当古代城市开始出现之后，垃圾问题就开始成为一种困扰。例如，在古代的特洛伊城，废弃物有时被丢弃在室内的地面上，或者被倾倒在街道上。当家中的臭气变得令人忍无可忍时，人们会再弄来一些新的泥土盖在这些垃圾上，或者任由家中的猪、狗、鸟类及啮齿类动物分吃垃圾中残余的有机物。据研究者估算，特洛伊城由于垃圾堆积，海拔高度每百年升高 4.7 英尺（1 英尺=0.3048 米）。定居和集中居住的城市的发展，意味着要搬走的是垃圾，而不是人类，也意味着人类对待垃圾的行为模式必须重新调整（拉什杰和默菲，1999）。可以说，垃圾问题从一开始就和城市文明同行，而到了工业时代，垃圾问题更加严重。随着人口的增加、工业化及西方生活方式向世界各地的渗透，世界垃圾产生量正在不断增加。而全球城市化率的迅速提高，也使得城市垃圾的产生量快速增长——据统计，城市居民的垃圾产生量是农村居民的2～3倍（Hoornweg and Thomas，1999）。世界银行的一份报告称，世界城市居民人均每日垃圾产生量，已经从2002年的约0.64公斤（1公斤=1千克），增加到2012年的约1.2公斤，而到2025年，将可能增至约1.42公斤（Hoornweg and Bhada-Tata，2012）。

联合国环境规划署于2012年在日本大阪举行的"废物管理全球伙伴关系"会议上同样使用了这些数据，并指出：城市垃圾问题正在逐渐演化为一场波及全球的危机。这些问题主要是经济的快速发展、人口膨胀和城市化导致的，同时，对废弃物的回收和治理问题也很重要。联合国环境规划署的报告预测，全世界的中产阶级人口将会随着全球经济发展有大幅度的上升，预计将在2030年上升一倍，达到近50亿人。显而易见，这些人口将需要更多的产品和更多的服务，这也会导致城市垃圾量进一步增加。如果不紧急采取有效行动，全球城市环卫系统将不堪重负，并迫使政府部门花费更大的财力和物力来进行补救治理①。

改革开放以来，作为世界上人口最多、经济发展和城市化速度最快的国家，我国的城市垃圾问题也迅速显现。20世纪80年代末至90年代初，北京市相关部门曾经做过3次遥感监测，发现在北京四环路以内，有4700多处面积在50平方米以上的垃圾堆（李坤晟，2010）。"垃圾围城"的概念在那时就已经出现，并在2003年的"非典"时期受到更多的关注。随后，由于北京海淀区六里屯垃圾焚烧发电项目建设问题所引发的争议，城市垃圾问题再度受到社会的广泛关注。自由摄影师王久良的摄影作品《垃圾围城》于2009年在第五届连州国际摄影年展上获得年度杰出艺术家金奖更使得"垃圾围城"一词家喻户晓，城市垃圾问题开始得到越来越多的关注。

2. 城市垃圾问题造成的危害

垃圾露天堆放地散发恶臭、滋生蚊蝇、污染土壤和地表水及地下水，给周边居民带来的健康威胁是显而易见的。而所谓的无害化处理——卫生填埋和焚烧，也同样会排放污染物，如果管理不到位，同样会造成严重污染。垃圾填埋场会排放水污染物、甲烷、恶臭、渗滤液；垃圾焚烧厂则会排放烟气[以二噁英（旧称为二恶英）为主要污染物]、焚烧飞灰与炉渣、垃圾渗滤液；甚至在循环利用的堆肥过程中，也会产生臭气及温室气体。其中，垃圾渗滤液对土壤和地表水及地下水的污染难以消

---

① 环境署：城市生活垃圾问题正日益恶化为全球危机. http://www.un.org/chinese/News/story.asp?NewsID=18712[2013-12-27].

除，甲烷有爆炸的危险，而二噁英则被称为"世纪之毒"——2010 年环境保护部等九部门发布的《关于加强二恶英污染防治的指导意见》（环发〔2010〕123 号）就曾指出："二恶英具有很强生物毒性，同时具有难以降解、可在生物体内蓄积的特点，进入环境将长期残留，对人类健康和可持续发展构成威胁。"具体而言，如果城市垃圾管理不力，则会对环境和社会造成以下几方面的影响。

第一，污染环境。城市垃圾中含有大量病原微生物，在腐败过程中也会产生大量的有机污染物，还会从垃圾中溶出铅、镉和汞等重金属。城市垃圾管理不到位，会造成水体污染、空气污染和土壤污染。

（1）水体污染。随意堆放的垃圾或未采取很好的防渗措施的填埋的垃圾，其所含水分和降雨及垃圾发酵分解后产生的有害液体（渗滤液）可能会渗入周围地下水体或地表水体，造成水体污染，主要表现为水质浑浊、有臭味，化学含氧量、氨氮、硝酸氮、亚硝酸氮含量高，油、酚污染严重，大肠菌群超标等。根据中国环境科学研究院的报告，垃圾渗滤液中含有 93 种有机污染物，其中有 22 种已被列入我国和美国国家环境保护局（United States Environmental Protection Agency, USEPA）的重点控制名单，1 种可直接致癌，5 种可诱发致癌，除此之外还含有多种高浓度的重金属、盐类和多种病原微生物（曾无己和张协奎，2007）。

（2）空气污染。生活垃圾长时间的堆放会造成垃圾腐烂霉变，释放出大量有害气体、粉尘和细小颗粒物，并随风飞扬，污染周围大气环境。生活垃圾随意焚烧，会造成大量有害成分挥发，未燃尽的细小颗粒进入大气，还会产生二噁英、酚类等有害物质。即使是正规的垃圾焚烧厂，如果不能达标排放，也会产生含有二噁英的烟气、焚烧飞灰大气污染物。垃圾填埋场也会产生大量的填埋气，即生活垃圾所含的大量有机成分被微生物降解后所生成的混合气体，主要成分为温室气体甲烷和二氧化碳，还有微量的硫化氢、氨气、硫醇和某些微量有毒气体，总数达 100 多种。这些气体含量虽低，但其挥发性强，毒性较大，对环境的污染比较严重。垃圾填埋气可以通过填埋场土壤表面向大气纵向扩散，也可以通过地下岩土中的地质构造如裂隙等向周边地区横向水平扩散，迁移到离填埋场较远的地方才释放进入大气。填埋场周围大气中的挥发性有机物有多重成分，且浓度明显高于对照环境中的浓度。填埋气如果得不到有效收集，还会引起火灾，发生爆炸。

（3）土壤污染。堆放的生活垃圾中有大量的垃圾袋、废金属等有毒物质被直接填埋或遗留土壤中，它们难以降解，严重腐蚀土地，污染土壤，危害农业生态。例如，有报道称，在某已封场的填埋场下伏土层中，重金属的影响深度已达到地面下 20～25 米（罗泽娇等，2003）。

第二，危害人体健康。生活垃圾所带来的土壤污染、空气污染、水体污染，又会严重影响人体健康。众多的研究表明，垃圾填埋场对周边居民健康的影响包括急性危害和慢性危害等。

（1）急性危害，主要包括垃圾填埋场的沼气爆炸、火灾、滑坡、崩塌等安全事故给工作人员及周围居民的生命和财产造成损害。此外，填埋场中封装有害垃圾的容器、滤渗液收集池等在损毁或经暴雨后若发生泄漏，会污染水源或大气，进而引起暴露居民的急性中毒事件。垃圾填埋场散发的恶臭及挥发性、刺激性气体与无组织排放的滤渗液会造成周围居民的心理方面的影响，或引起一些如消化道刺激等急性健康损害症状，或诱发一些慢性疾病。

（2）慢性危害，主要包括各种慢性非特异性影响和慢性中毒。长期暴露于小剂量环境污染物的人会出现生理、免疫等机体功能下降或者化学物中毒等慢性损害，导致发病率、死亡率增加，儿童生长发育受到影响。有研究表明，垃圾填埋场周围居民循环系统疾病和脑血管疾病的发病率升高（Minichilli et al., 2005），而生活于建造在已封闭的垃圾填埋场上的住房中的居民，发生癌症、哮喘、慢性胰腺炎等疾病的风险，以及居住超过 5 年的男性总的疾病发病风险等也有升高（Pukkala and Pönkä，2001）。

（3）占用土地。从统计数据来看，我国大多数城市都把填埋作为首选，占用了大量土地。根据住房和城乡建设部的调查，我国累计约有 75 万亩（1 亩 ≈ 666.7 平方米）土地被城市垃圾占用，被垃圾包围的城市约占 1/3 以上（王聪聪，2013）。作为一个土地稀缺的国家，特别是在人口稠密的城市及其周边地区，垃圾填埋占用大量土地无疑是很大的浪费。

（4）造成政治和社会问题。废弃物管理体系的不健全不仅导致了严重的环境、经济和健康影响，还会导致一系列社会问题。城市贫困社区和靠近城市的农村地区是这一问题的最大受害者。例如，在一些国家，垃圾常常被堆放在城市的贫民窟周边，使这些地方不仅经常臭气熏天，而且蚊虫肆虐、鼠患频发；垃圾填埋场、垃圾焚烧厂也往往设置在郊区农村，由于管理不善，常常发生污染事故，附近居民身体健康受损。这些问题加剧了城市发展中的不公平现象，容易引发政治冲突。近年来，一些城市垃圾处理基础设施选址频频遭遇抵制，有的甚至演变成为暴力冲突，造成了恶劣的社会影响。例如，2007 年，意大利南部的那不勒斯市因管理不善、垃圾填埋场超负荷运转等原因，爆发了"垃圾危机"，街头垃圾成堆、生活环境严重恶化，激起了居民的愤怒。政府计划重启一座已关闭多年的垃圾填埋场以尽快化解危机，但遭到当地居民反对，双方僵持不下，居民和警方甚至发生了激烈冲突，垃圾危机使原本美丽的海滨城市失去了昔日的风采。在我国，自 2007 年以来，几乎每年都会发生数起针对垃圾焚烧处理项目和其他垃圾处理设施的抗议事件，城市垃圾治理的困境已成为城市治理和社会舆论的中心议题之一。

可见，城市垃圾困境绝不是一个单纯的环卫技术问题，而是经济、社会与政治发展过程中所出现的各种矛盾的缩影和集合体。

3. 城市垃圾蕴含的资源和经济机遇

城市垃圾在给城市带来负面影响的同时，也蕴含着可能的机遇。正如联合国环境规划署所指出的，城市环卫部门还可以发挥更大的作用。垃圾的分类管理和回收利用，既可以提供更多的就业岗位，又可以将垃圾"变废为宝"，成为新的能源。为此，联合国环境规划署呼吁各国政府对此予以高度重视，对城市废弃物管理系统进行改革和完善，把这一系统作为绿色经济与城市可持续发展的重要组成部分①。作为蕴含着大量可利用资源的城市垃圾，也只有通过更加科学、合理、有效的治理，才能够成为"城市矿山"。

在未来的若干年里，城市垃圾问题仍将成为阻碍我国城市稳定、和谐和可持续发展的问题之一，也是关系到我国建设资源节约型、环境友好型社会的关键一环，是关乎国计民生的重要课题，非常值得研究。

1.1.2 从公众参与视角研究城市垃圾治理的重要意义

由于城市垃圾问题的日益凸显，垃圾治理已经成为我国城市公共管理的重要课题，垃圾管理也成了城市管理的重要组成部分。城市垃圾治理是一项与每一位城市居民息息相关的公共事务，是涉及城市经济和社会发展、环境保护、城市规划等多个方面的公共事务，从公众参与的视角对城市垃圾治理进行研究，无疑具有重要的意义。

公众参与的兴起和发展是世界政治文明和政治民主的重要体现，也是当今我国政治体制改革与行政管理体制改革的热点和焦点。自党的十六大以来，公众参与得到了更高程度的重视。党的十六大报告②中提出，要健全民主制度，丰富民主形式，扩大公民有序的政治参与，保证人民依法实行民主选举、民主决策、民主管理和民主监督，要完善深入了解民情、充分反映民意、广泛集中民智、切实珍惜民力的决策机制，推进决策科学化民主化。各级决策机关都要完善重大决策的规则和程序，建立社情民意反映制度，建立与群众利益密切相关的重大事项社会公示制度和社会听证制度，完善专家咨询制度，实行决策的论证制和责任制，防止决策的随意性。党的十七大报告③进一步指出，推进决策科学化、民主化，完善决策信息和智力支持系统，增强决策透明度和公众参与度，制定与群众利益密切

---

① 环境署：城市生活垃圾问题正日益恶化为全球危机. http://www.un.org/chinese/News/story.asp?NewsID=18712[2013-12-27].

② 江泽民同志在党的十六大上所作报告全文. http://www.china.com.cn/guoqing/2012-10/17/content_26821180.htm[2018-11-10].

③ 胡锦涛在中国共产党十七大上的报告. http://www.china.com.cn/zyjy/2009-07/13/content_18122615.htm[2018-11-10].

相关的法律、法规和公共政策原则上要公开听取意见。要健全党委领导、政府负责、社会协同、公众参与的社会管理格局，健全基层社会管理体制。党的十八大报告强调，要努力营造公平的社会环境，保证人民平等参与、平等发展权利。加快推进社会主义民主政治制度化、规范化、程序化，从各层次各领域扩大公民有序政治参与，实现国家各项工作法治化。完善中国特色社会主义法律体系，加强重点领域立法，拓展人民有序参与立法途径。健全权力运行制约和监督体系。坚持用制度管权管事管人，保障人民知情权、参与权、表达权、监督权，是权力正确运行的重要保证。加快形成党委领导、政府负责、社会协同、公众参与、法治保障的社会管理体制。引导社会组织健康有序发展，充分发挥群众参与社会管理的基础作用。中共十八届三中全会再次强调，要更加注重健全民主制度、丰富民主形式，从各层次各领域扩大公民有序政治参与，充分发挥我国社会主义政治制度优越性。推动人民代表大会制度与时俱进，推进协商民主广泛多层制度化发展，发展基层民主①。党的十九大报告提出，要健全人民当家作主制度体系，发展社会主义民主政治，要改进党的领导方式和执政方式，保证党领导人民有效治理国家；扩大人民有序政治参与，保证人民依法实行民主选举、民主协商、民主决策、民主管理、民主监督；维护国家法制统一、尊严、权威，加强人权法治保障，保证人民依法享有广泛权利和自由。巩固基层政权，完善基层民主制度，保障人民知情权、参与权、表达权、监督权。健全依法决策机制，构建决策科学、执行坚决、监督有力的权力运行机制。各级领导干部要增强民主意识，发扬民主作风，接受人民监督，当好人民公仆。接连提出并反复强调要建立社情民意反映制度、增强决策透明度和公众参与度，体现了党和国家坚持走中国特色社会主义民主发展道路的决心，也为公共事务管理、公共决策和政策执行中的公众参与指明了方向。而如何将公众参与的指导方针和理念变成事实，是非常值得研究的问题。

1.2　国内外研究综述

1.2.1　国内研究

从 20 世纪 90 年代起，尤其是进入 21 世纪以来，随着"垃圾围城"现象日益凸显，国内相关管理部门和学术界对该问题的研究越来越多，其中相当数量的文

---

① 中共中央关于全面深化改革若干重大问题的决定. http://www.gov.cn/jrzg/2013-11/15/content_2528179. htm[2013-12-10].

章发表在报纸和新闻杂志上，主要是对相关新闻的分析报道、问题的描述和解决途径的思考（冯永锋，2009）。在学术性的文章和著作中，一部分主要是从宏观上介绍了我国"垃圾围城"的困境、原因及简要的对策建议；另一部分研究切实的解决途径，角度主要是垃圾的回收处置等末端治理（李金惠等，2007）、经济管制政策（王建明，2007）和法律、法规等。

由于环境保护是我国最早实行公众参与的领域，而2007年颁布的《中华人民共和国城乡规划法》也有要求公众参与的法律规定，加上在环境保护和垃圾治理方面已经有了一些比较典型的公众参与的案例（如厦门PX项目事件[①]、广州番禺和北京阿苏卫垃圾焚烧发电厂项目事件等），对我国公众参与问题的研究，大多会以这两个方面的参与作为案例进行分析研究。

目前，我国涉及城市垃圾治理中的公众参与的文献，主要有以下几个方面的研究。

1. 城市垃圾决策过程中公众参与的必要性和目前参与中的问题研究

随着我国垃圾处理问题中暴露出来的矛盾和冲突越来越多，人们开始注意到造成这些矛盾冲突的一个重要问题，即公众参与不足。《瞭望》新闻周刊援引了台湾环境保护联盟林正修的观点——财政力量、技术力量、社会共识是解决垃圾问题的三个关键，这是台湾从过去十年的垃圾处理工作中积累的经验。目前来看，最容易达到的是技术问题和财政问题，但可惜的是决定成败的关键，也就是社会共识是最难达成的。而《瞭望》新闻周刊从半年的跟踪采访中发现，群众质疑了几乎所有的政府对垃圾处理问题上说明或者解释。其中，"程序瑕疵"是最致命的弱点（叶前，2010）。而"程序瑕疵"，主要就是决策过程中缺乏公众参与。荣婷婷和任苒（2015）以北京市为例，对我国特大城市垃圾处理问题进行了研究，提出了五个方面的建议，其中包括应该"重新审视政府在城市垃圾处理中的定位，发挥政府与市场、政府与社会的结合作用，实现政府、居民和企业的主体联动"。冯庆（2015）则提出，"要使垃圾得到有效处置，必须以一个社区大多数人可接受的方式运作，即生活垃圾处置必须有公众的参与，这是生活垃圾处置的社会可持续要求。"生活垃圾处置中的几个关键环节如分类回收与投放等，都离不开人们的良好的参与作用，而这可能需要与许多不同团体进行广泛的对话，以进行通报和教育，建立信任和赢得支持（冯庆，2015）。徐丹（2014）对北京城市垃圾管理体制进行了分析，认为在公共治理的理论背景下，探索构建"集中监管、全面统筹、多元化主体参与"的北京市生活垃圾治理体制，方能回应北京市"垃圾围城"的管理困局。

针对目前我国城市垃圾治理中公众参与的状况，学者们也进行了分析，指出

---

① 其中 PX 指对二甲苯（para-xylene）。

了其中存在的问题。例如，范红霞（2013）通过调查指出，《中华人民共和国循环经济促进法》虽然已经确立了总体方针，即政府推动、市场引导、企业实施、公众参与，明确了各方主体，也就是中央及地方政府、生产者、销售者、消费者、回收者等都有着共同的责任。但遗憾的是对责任的划分不够具体，也缺少可操作性。例如，虽然规定了消费者承担将废弃产品或包装物交给生产者或其委托回收的销售或者其他组织，不能擅自丢弃的义务，但是该法却没有具体规定消费者应如何交付。另外，立法没有规范公民的日常生活行为，如在资源（污水和能源等）减量减排方面的义务，家庭垃圾的分类收集和减量化等（范红霞，2013）。

2. 城市垃圾治理中政府与公众的互动研究

在垃圾管理公众参与问题上，一些研究通过不同的案例探讨了相关决策和管理过程中的政府与公众互动问题。

一些学者认为，当前我国城市垃圾管理中，政府与公众的互动是不够的。例如，尹瑛（2014）对国内垃圾焚烧争议事件传播过程进行了考察，认为公众参与作为规制政府决策风险的重要制度设计，其规制效用的产生实际上必须以政府尊重并愿意接纳公众理性意见为前提。在此前提下，通过公开、平等、自由的讨论与协商达成风险共识，并依据这种共识来进行科学、谨慎的决策，才是公众参与作为一种民众治理方式的内核所在。而在当下现实情境中，政府在公共决策与公共事务治理过程中主动开放的公众参与空间实际上是非常有限的，恰恰是公众策略性的参与行动在逐步拓展着这个体制空间（尹瑛，2014）。

另一些学者则看到了政府与公众互动的进展。田华文（2015）对2000～2013年我国城市垃圾管理方面的主要政策文本进行了分析，指出了该领域的政策的变化，其中包括"政策主体强调家庭、社区与公众参与"、志愿性政策工具受到重视等。他还通过对广州市城市垃圾治理政策变迁的案例研究，提出在具备良好的社会基础和一个具有现代执政意识的政府的情况下，在城市垃圾治理这样牵涉面广、容易激化矛盾、问题解决离不开居民直接参与和密切配合、十分迫切且复杂的政策问题上，是可能出现可供政策子系统的参与者讨论与政策相关的事实和价值的平台的政策论坛的，而且这个论坛可能驱动政策变迁（田华文，2015）。陈晓运和张婷婷（2015）以广州垃圾分类为例，探讨了地方政府用营销观念和策略争取公众接纳与支持某项公共政策的过程，指出垃圾分类政策营销的广州实践呈现了地方政府的治理调试及其与公众的互动。

王树文等（2014）则根据公众参与城市垃圾管理的不同程度及政府管制程度的强弱，构建了公众参与城市垃圾管理的三种模型，即公众诱导式参与模型、公众合作式参与模型和公众自主式参与模型，分析了三种模型的特点、优缺点及各利益主体的职责，进而指出，由于目前我国城市垃圾管理体制不完善、公众参与城市垃圾管理意识不高等原因，我国城市垃圾管理公众参与实践仅仅处于公众合作式参与模型阶段的起步时期，仍然需要依赖于政府进一步的引导、鼓励和支持。但随着公众参与意识的增强及我国管理体制的完善，我国城市垃圾管理必然会走向公众自主式参与模型的完善阶段（王树文等，2014）。

张紧跟（2014）分析了广州市垃圾处理的新趋向，指出：如果迫于公众抗争压力而吸纳公众参与的危机反应能够持续，进而成为一种习惯性制度化运作的话，那么它就使公众参与地方政府管理制度化，这体现了参与式治理的趋向，但参与式治理的有效运行有赖于地方政府创新与公众有序参与的良性互动。

3. 城市垃圾治理中的私人部门参与问题研究

市场经济条件下，私人部门（企业）参与城市垃圾治理，是公众参与非常重要的组成部分。国内学者主要从国外经验、我国企业的参与环境及 PPP 模式在垃圾治理领域的应用等方面进行了研究。

张越和唐旭（2014）系统回顾和评析了欧美学界关于垃圾服务构成成本及其相关影响因素的研究，探讨了发达国家垃圾服务成本模型、垃圾服务市场规模和市场结构等方面的问题，指出在垃圾服务领域引入私营模式的主要目的是降低费用、提高效率，但目前国外有关垃圾服务市场化的经济研究尚未能完全证实这个判断，多数研究形成的比较一致的结论是，单纯推行垃圾服务市场化并不能显著并持久地提高效率，通过激励政策的设计，提高垃圾服务市场的竞争度等措施可能比仅仅改变所有权结构更重要。因此，应该对影响我国垃圾管理成本的主要因素、是否存在垃圾服务的规模经济、垃圾服务市场化是否真的能带来成本节约、如何提高我国垃圾服务资金的使用效率等问题进行深入研究，在我国垃圾服务领域是否应该引入私营部门的参与或者在多大程度上参与及参与的方式方面，都需要结合具体地区和城市的特点深入分析（张越和唐旭，2014）。

尽管有研究者对垃圾治理市场化的问题还存在疑虑，更多的人则已经认可了市场化这一趋势和企业参与的必要性，并从参与的动力、模式等方面进行了研究。周咏馨等（2015）通过比较生活垃圾处理投资与高盈利产业投资动力、生活垃圾处理投资与相关产业发展情况，发现我国市场中私人部门参与垃圾处理等环保事业的投资动力不足，原因在于我国缺乏垃圾处理业市场化的法律环境、政策环境和投资环境，并从规范企业、政府、社会公众行为的视角提出了产权与责任明晰化、责任制度化与指标数据化、管理法制化的建议。

还有研究者探讨了城市垃圾处理中政府与企业之间的行为博弈问题。例如，马慧民和叶健飞（2015）的研究表明，城市垃圾处理中政府是否倾向于采取鼓励策略与推行鼓励政策的成本及垃圾费收取比例有关；原则上垃圾费收取高，鼓励成本低，有利于政府采取鼓励策略；进行再生资源利用的收益和投资成本会影响企业的投资行为，处理成本越低，再利用收益越高，企业越倾向于投资，同时他们依据分析结果提出了促进企业投资城市垃圾处理的建议，包括：企业积极降低垃圾处理成本，积极引进和研发新技术；适当提高垃圾费；在用地规划、交通运输等方面政府给予支持和保障，给企业税收和电价补贴方面的优惠；加大政府补贴力度，完善垃圾回收网络，培育循环再生市场，提高企业的收益；完善竞争机制，鼓励更多的企业进入等。

薛涛（2014）对我国垃圾处理领域 PPP 发展的状况及其改革方向进行了探讨，认为突破"垃圾围城"困境，政府之力有限，城市垃圾治理市场化改革已成为必然趋势，将垃圾处理任务分配给政府、组织和个人是未来发展模式的首选。他指出，在生活垃圾处理市场的卫生填埋、焚烧和餐厨垃圾处理三个细分领域中，无论项目数量和投资规模，焚烧项目都是市场主角，在垃圾焚烧领域采用 PPP 改革也为政府、投资人和金融机构所广泛接受。目前，PPP 改革在垃圾焚烧领域存在一些问题。例如，地方政府盲目看重垃圾焚烧处理较低支付价格，却忽视了低价可能带来低质的风险；部分项目招标程序不完善、过程不透明；低价压力或者竞争不充分导致在某些项目中存在选择不良投资商问题，也进一步带来运行不畅或者环保排放不达标的情况；百姓对垃圾焚烧持不信任态度，邻避现象凸显；某些地方政府拖欠费用情况严重，缺乏契约精神。因此，做好 PPP 改革，应提高政府契约性素质和垃圾处理费的经费保障，建立公平、公开的竞争环境，进一步落实监管措施，制定更加严格的排放标准，积极推动公众参与，采用多种手段加强信息公开，尽快缓解垃圾焚烧引发的邻避现象。此外，垃圾收运领域应逐步深化 PPP。PPP 改革虽然不能解决所有问题，但通过提高专业化外包比例、合理设计风险和收益的分担机制并加强政府契约性素质等努力，必然可以为清扫收运等环卫行业注入新的活力（薛涛，2014）。

4. 公众参与城市垃圾治理的影响因素研究

学者们对我国公众参与城市垃圾治理的影响因素的研究，大多集中在付费、分类、邻避冲突等问题上。郑琪瑶和谢建炫（2015）对杭州市居民对生活垃圾处理费的支付意愿进行了实证研究，结果显示，年龄、家庭收入水平、生活垃圾分类处理情况等对支付意愿有显著影响，而由于公众整体环保意识有待提高，受教育程度对支付意愿的影响并不显著；信息有效接受率低、信息不对称现象也存在于收费政策的导向和传播过程中，这也进一步影响着居民的支付意愿；垃圾处理效果对支付意愿具有显著影响。

学者们对垃圾分类中公众参与的影响因素的研究相对较多。近年来，学者们从不同的角度对居民垃圾分类参与不足的原因进行了分析和研究。曲英（2011）以计划行为理论为基础，分析得出了影响居民生活垃圾源头分类行为意向的七个主要因素，即感知到的行为障碍、环境态度、主观规范、公共宣传教育、利他的环境价值、利己的环境价值和感知到的行为动力；并指出，利他的环境价值越高、感知到的行为动力越强、环境态度越积极、主观规范越强、公众宣传教育接受的越好，居民越有可能实施生活垃圾源头分类。鲁先锋（2013）从环境心理学理论出发，将影响居民进行垃圾分类的因素分为内在因素（如个人习惯、环保意识、"经济人"理性等）和外在因素（如法律制度、部门管理、宣传教育等），他认为提高城市居民参与垃圾分类的积极性需要法律规导、政府管制、经济惩罚等外压机制与思想教育、经济补偿、舆论支持等诱导机制的共同作用。瞿利建等（2013）将生活垃圾分类投放行为的影响因素分为外部条件和内部动机，其中外部条件包括分类收集点的远近、分类投放设施配置、分类知识的明确指导、宣传教育及参与氛围等；内部动机包括环境价值观、环境态度、环境认知、相应的法律规范、主观规范、心理因素和金钱报酬需求等。田凤权（2014）则将生活垃圾源头分类行为意向的影响因素分为制约因素和驱动因素两大方面，制约因素包括行为控制、法规与道德约束、环境知识、环保意识、负面干扰五个部分，驱动因素包括行为态度、主观规范、宣传导向、行为动机、政策法规五个部分。其中，行为控制、法规与道德约束是制约城市垃圾源头分类的两个最主要因子。就"行为控制"来看，阻碍着居民积极参与并持之以恒的因素多是居民自身的原因，没有时间和精力、占用过多的家庭空间等因素使居民不能坚持对生活垃圾进行分门别类的处理与投放（田凤权，2014）。

在关于垃圾治理的"邻避冲突"的研究中，也涉及了公众参与的影响因素。例如，李东泉和李婧（2014）研究了北京奥北社区居民反对阿苏卫垃圾焚烧发电厂扩建的"阿苏卫事件"及其对《北京市生活垃圾管理条例》出台的影响，他们认为这一事件值得关注的有两个方面：一是为我们提供了一个公民参与到政策制定过程中，并有效影响政策走向的公共政策制定模式，二是需要考虑事件的特殊性，也就是奥北社区居民自身具有的精英特性，社区居民的高学历、高经济社会地位使他们具有一般老百姓所没有的知识、资本、人脉等资源，从而使他们能够成功有效地介入并参与政策过程。

5. 公众参与城市垃圾治理的模式和具体方法研究

公众参与垃圾治理应该以什么样的方式来实现？在具体的操作中，有哪些方法？关于这些方面的研究，主要分散在垃圾治理的不同方面。朱丹（2014）对共同治理下的城市餐厨垃圾回收逆向物流系统进行了研究，提出了以商品价值流为导向，以利益相关者为视角，以共同价值最大化为目标，建立一个以专业增值第三方物流服务为核心的，以多利益相关主体共管、共治、共营为基础的，以价值协同创造为纽带的战略协同式城市餐厨垃圾回收逆向物流系统。在这个系统中，行业协会组织是规则制定者，政府行政权力机关是运行监管者，系统的管理机制则涵盖利益分配与调节、信息透明化与共享、沟通与协商、绿色消费和公共监督等层面（朱丹，2014）。崔晓彤（2015）通过对宁波市城市垃圾分类的调查研究，总结了城市垃圾分类的政府、社区、企业、居民"四位一体"的管理模式。而何孟伟等（2015）则提出了一种助推上海垃圾分类的"C-GSSC"循环机制，以一张带有可循环标志的银行卡（card）为核心，将垃圾分类的奖励与银行信用度挂钩，并力求将政府（government）、社区（society）、学校（school）和企业（company）纳入循环，提高垃圾分类的支持度和影响力。

1.2.2　国外研究

国外对公众参与城市垃圾治理的研究，从 20 世纪 80 年代开始升温。例如，马丁·梅洛西（Martin V. Melosi）于 1981 年出版的著作《城市垃圾：1880～1980年的垃圾、改革和环境》（*Garbage in the Cities: Refuse, Reform and the Environment, 1880～1980*），系统梳理了美国城市垃圾管理的历史，被誉为"里程碑"式的著作。国外学者的研究主要涵盖了公众参与在垃圾减量和回收方面的作用，公众参与的方式和存在的问题，以及由参与带来的冲突等，其中，很多是案例研究。需要指出的是，由于公众参与制度在发达国家较为成熟，而发展中国家则面临着人口增长、垃圾产生量剧增和公众参与严重不足的情况，在近年来针对垃圾治理公众参与的案例研究中，发展中国家的案例占了非常大的比例。同时，在研究公众参与的论文中，对城市垃圾的收集和处理也多有涉及（Whitaker，1980）。

1. 如何看待公众参与城市垃圾治理研究

研究者们一致认为，公众参与城市垃圾治理是必要的。不过，也有学者指出公众参与过程中会出现问题。Wiedemann 和 Femers（1993）通过四个实证案例，分析了德国有关垃圾处理设施决策中的公众参与引起的问题，认为公众参与必须被视作一种途径，而不是目的。除非用正确的方式实现，否则公众参与并不会带来好的解决方案，反而会造成额外的问题。他们指出，为改善决策质量，需要三管齐下，即赋权给公众、一个会导向"好"决策的程序、确保所有各方对最终决定承担义务的后续注意事项（Wiedemann and Femers，1993）。

2. 居民参与城市垃圾治理的研究

Ahmed 和 Ali（2006）研究认为，人们在期待私人部门弥补公共部门在垃圾管理方面的不足的同时，忽略了居民的作用，而居民在垃圾服务的提供方面能够发挥巨大的作用，如通过支付服务费支持私营部门，但是更重要的，他们在提高公共部门及私人部门的责任性和服务质量方面能扮演积极的角色。然而居民的这种从被动到主动的角色转换并不会自动产生，来自中介机构（社区组织和 NGO）的外部帮助可以促使公共部门及私人部门与居民就更好地提供服务建立伙伴关系。Ahmed 和 Ali（2006）通过孟加拉国的案例，研究了城市固体废弃物管理三方伙伴关系的建立，尤其是中介机构在其中的作用。他们指出，在中介机构的帮助下，居民丢弃垃圾的行为习惯可以改变；市政官员开始将 NGO 和社区组织看作其盟友而非麻烦制造者；私人部门也改变了他们对市政官员"难以接近"的"顽固"看法。居民、市政官员和服务提供商可以在对话平台上面对面，这使得服务提供的责任性、透明度和回应性显著增加（Ahmed and Ali，2006）。Visvanathan 等（2006）指出，由于发展中国家购买力较低，市场上充满了低质量和廉价产品，这些产品使用寿命短，造成更多浪费。一个城市居民的习惯和态度在很大程度上影响着固体废弃物管理系统，因此城市固体废弃物管理的一个重要方面是居民的合作，其中，学校环境教育对提高居民的合作水平较为重要（Visvanathan et al.，2006）。

3. 社区参与城市垃圾治理的研究

Shukor 等（2011）对发展中国家城市垃圾管理中的社区参与问题进行了研究，指出在城市垃圾管理中，社区参与尤为重要，因为每个人都会在社区产生城市垃圾，如果没有很好的管理，垃圾问题将直接和间接地影响社区居民的生活。社区参与可以增强居民的社会责任感，维护地方政府提供的服务，并且有助于改善固体废弃物管理的项目设计和有效性。Shukor 等（2011）总结了研究者们的观点，指出社区参与垃圾管理的成功因素有九个方面：①欢迎社区居民参与城市垃圾治理。为了确保社区参与的成功，可以采取的最重要的行动就是欢迎社区居民的参与。欢迎行为包括：对有机会得到他们的贡献表示高兴；解释目前的情况，让参与者能够很容易地融入城市垃圾治理事务的进程中；提供各种各样的工作机会，以便新参与者可以找到适合他们才能和兴趣的职位；认真对待新参与者的想法，即使是以前被考虑过且被拒绝了的观点，对社区居民态度的改变要有耐心；不要在"老前辈"中间做决定，而把新人排除在外。②在利益相关者之间进行沟通。沟通对于人们了解城市垃圾治理问题至关重要，有效的沟通可以在社区成员之间建立对某一问题的广泛谅解。通过清晰的沟通和了解，社区居民将看到一个项目或服务会使他们受益，他们会参与项目并提供连续服务。③地方领导人或宗教领袖。有效的领导是确保社区参与固体废弃物管理成功的重要因素之一。地方领导人或宗教领袖可以在居民和社区组织之间充当调解人，帮助确定社区需求，促进社区参与并确保社区需求得以回应。他们可能支持相关项目的启动，建立相关的委员会，组织城市垃圾清理运动，鼓励年轻人的参与等。④授权或主人翁意识。如果缺乏对城市垃圾进行回收的主人翁意识，社区将很难有参与的意愿。赋予社区更多决定权，让他们自己控制自身事务，可以间接地使社区产生参与城市垃圾治理事务的主人翁精神。⑤社区和政府之间的合作。社区和政府之间的合作对参与成功是至关重要的。社区和政府通过合作可以共担责任和义务，社区可以分享想法或经验，以避免问题的发生。成功的合作要求所有相关的信息和活动必须是公开透明的。⑥社区的觉悟。社区只有在了解发生了什么问题、问题的原因和问题的结果的情况下，才可能扩展其在城市垃圾治理中的角色。通过一些社区宣传活动，以及地方政府对社区作用和责任的解释，可以提高社区参与城市垃圾治理的觉悟。⑦女性的角色。应特别注意女性的角色，在许多情况下女性愿意参加一些环境保护项目，以便改善她们的生活条件；女性在小规模的活动中发挥着决定性作用。⑧激励。成功的参与必须考虑的一个重要方面是激励，可以通过给予奖励来鼓励社区参与城市垃圾治理活动。⑨信息和知识。吸引社区居民参与当地环境事务，向他们提供容易理解和有意义的信息，以使其理解当前项目的目标和可选择的方法，以便实现成功的社区参与。

4. 城市垃圾治理中利益相关方的参与研究

一些研究聚焦于各个利益群体或城市垃圾治理的利益相关者。利益相关者既可能制造垃圾，也可能成为垃圾治理服务的提供者，或者参与国家和地方政府部门、NGO 和其他关注城市垃圾治理某一方面的组织。界定利益相关者及其利益对协调其参与行为至关重要（Joseph，2006）。

Visvanathant 等（2006）对南亚国家的固体废弃物处理状况进行了比较研究，指出固体废弃物管理要实现可持续性，重要的是要看各个利益群体在固体废弃物管理中的作用。废弃物管理的利益相关者包括：①基于社区的组织（当地社区组织）。为确保固体废弃物管理项目的有效性，增加可持续性，在发展中国家基于社区的组织是一个重要的元素。②私人部门。私人部门在南亚国家城市固体废弃物管理中发挥了重要作用。例如，在加德满都市，私人部门的参与减少了政府在财务和人力资源方面的支出，而大约50%的受访者认为私人部门提供的服务更有效。③NGO。NGO 的动机主要是人道主义和发展问题，NGO 可以帮助提高居民对废弃物管理问题的意识；帮助提高组织能力和促进社区组织的形成；在社区组织和政府部门之间提供沟通渠道；在市政规划和实施过程中支持议会预算办公室；对本地活跃的社区组织进行技术转让。NGO 也可能对非正式部门处理废弃物污染的工人提供重要的支持，协助企业组织改善他们的工作条件和设施。

Joseph（2006）则详细地总结归纳了可持续垃圾管理中的利益相关者及其扮演的角色（表 1-1）。

表 1-1　可持续垃圾管理中的利益相关者及其扮演的角色

序号	利益相关者	角色
1	普通公众	垃圾源头减量和分类； 与市民团体合作，认同垃圾管理设施的选址和运行； 为垃圾管理付费

续表

序号	利益相关者	角色
2	市政当局	保持垃圾管理的优先权； 提供基础设施投入和服务； 有明确的管理机构并配备受过培训的职员； 执行法律，惩罚违法者； 尊重（赞赏）普通公众和私人部门的参与； 支持非正式部门的参与； 维持数据库更新
3	城市规划者	进行城市规划时记得垃圾管理； 用理想的缓冲带划分废物管理设施的空间
4	NGO 或社会工作者	领导成立社区委员会和社区参与； 与该地区其他类似的组织机构进行网络结合，整合各方努力，而非重复大部分的工作； 利用与市政当局及其他有影响力的机构的现有联系，以确保最大限度的支持； 试着让该地区的失业青年参与到各种各样的工作中来； 组织或发起"清洁城市"运动
5	教师或学术界	影响人们对固体废弃物管理文化的思想； 在孩子们的头脑中灌输关于固体废弃物的严格的纪律； 开展相关的研究和开发
6	老年居民	在城市不同地区开展的清洁活动中帮助 NGO 和社区组织
7	无业青年	利用"清洁城市"为他们提供各种兼职或全职的就业机会，如垃圾收集，帮助组织者进行路演，帮助活动推广
8	儿童或学生	参与垃圾分类； 对父母、家庭佣工进行影响、监督
9	销售商或店主	确保垃圾被妥善放置在附近的垃圾桶里； 确保店外放置有小型垃圾桶； 确保顾客不将垃圾丢弃在店外
10	医院	遵从生物医学规定要求
11	政治人物	领导"清洁城市"运动，共同为"清洁城市"的利益而努力； 向市政府施加压力，使"清洁城市"问题成为优先事项； 不要把"清洁城市"变成一个政治问题
12	企业	确保所有员工都能理解形势的严重性，不仅在办公室或工厂内采取认真的清洁行为，也要将信息传达到整个城市； 在办公室或公司外提供垃圾箱，以便提醒员工不要乱扔垃圾； 赞助"清洁城市"项目

1.2.3 国内外研究简评及本书的研究目的

国内外对城市垃圾治理中的公众参与研究各具特点。

国外研究常常以某个或某几个城市垃圾治理的整体情况为具体案例进行研

究，在选择的城市中，亚洲、非洲、加勒比海沿岸等发展中国家的城市居多，研究一般在介绍具体项目的实施过程和效果后，针对实践中出现的问题，结合当地的经济发展和人民文化生活水平提出相应的改进措施。不过，国外学者的研究中以我国城市作为案例的研究很少，在笔者收集到的英文文献中，以我国城市垃圾治理为研究对象的论文作者多为我国学者。国外研究中还有一个特点，就是对"基于社区的组织"（community-based organizations，CBO）的研究比较多，这也与国外社区自治相对较高有关。

国内研究则从多个视角出发，分别就城市垃圾治理中公众参与的相关理论问题和现实中问题进行了研究。其中，研究领域相对集中，如垃圾分类、垃圾设施建设过程中抗争案例研究较多，电子废弃物、餐厨垃圾管理也受到一定的关注。就政策制定的过程而言，首先，目前的研究对决策过程中的公众参与关注较多，对政策执行中的公众参与研究次之；而在政策执行方面，采用国外例子进行研究较多，而采用国内例子研究较少。其次，就垃圾处理的过程而言，对垃圾分类、终端处理过程中的参与问题研究较多，而对前端的参与研究较少。最后，从对城市垃圾治理公众参与主体的研究方面来看，国内对普通公众和企业参与的研究较多，NGO及专家等的参与问题的研究相对较少。

总体来看，国内外已有的研究主要解决了如下问题：以"垃圾围城"为代表的城市垃圾问题的治理需要公众参与；公众参与的核心主体是普通公众、社会组织和企业；在不同的政治、经济和社会条件下，公众参与城市垃圾治理有不同的方式、方法和效果；我国城市垃圾治理中的公众参与已经出现了一些现象，但没有形成有效的制度，效果不理想等。

已有研究表明，城市垃圾治理中的公众参与问题是一个非常重要的研究领域，而且在我国1/3的城市已经遭遇"垃圾围城"的情况下，对这个问题的研究显得尤为迫切。不过，已有研究成果散见于不同的论文之中，尚缺乏系统性、全面性的总结归纳和研究，也存在一些研究薄弱环节。因此，本书在前人研究的基础上，力图对城市垃圾治理中的公众参与问题进行全面、系统的研究，对公众参与的主体及其参与方式、公众参与的重点领域进行深度分析，在此基础上，提出促进公众参与的方向和适合我国当前实际的、有针对性的建议，为我国城市垃圾治理"善治"的实现提供有价值的参考意见。

第 2 章　公众参与城市垃圾治理的理论基础

　　《中华人民共和国固体废物污染环境防治法》规定："生活垃圾，是指在日常生活中或者为日常生活提供服务的活动中产生的固体废弃物以及法律、行政法规规定视为生活垃圾的固体废物"，而"固体废物，是指在生产、生活和其他活动中产生的丧失原有利用价值或者虽未丧失利用价值但被抛弃或者放弃的固态、半固态和置于容器中的气态的物品、物质以及法律、行政法规规定纳入固体废物管理的物品、物质"。按照中华人民共和国建设部（现已更名为中华人民共和国住房和城乡建设部）2007 年颁布的《城市生活垃圾管理办法》（建设部令第 157 号）中的规定，城市垃圾不包括"工业固体废弃物"和"危险废物"。城市建筑垃圾管理适用《城市建筑垃圾管理规定》。同时，《国家危险废物名录》（2008 年）中规定："家庭日常生活中产生的废药品及其包装物、废杀虫剂和消毒剂及其包装物、废油漆和溶剂及其包装物、废矿物油及其包装物、废胶片及废相纸、废荧光灯管、废温度计、废血压计、废镍镉电池和氧化汞电池以及电子类危险废物等，可以不按照危险废物进行管理。将前款所列废弃物从生活垃圾中分类收集后，其运输、贮存、利用或者处置，按照危险废物进行管理。"而《国家危险废物名录》（2016 年）中，上述废弃物作为"家庭源危险废物"被列入《危险废物豁免管理清单》，这意味着在未分类收集的情况下，这些废弃物全过程不按危险废弃物管理，无需执行危险废弃物环境管理的有关规定；在分类收集的情况下，收集过程不按危险废弃物管理，收集企业不需要持有危险废弃物收集经营许可证或危险废弃物综合经营许可证。因此，到目前为止，生活中产生的上述危险垃圾，还属于城市垃圾的一部分，其中电子废弃物的产生量最大。

　　按照上述法律、法规和行业标准中的定义，本书中的"城市垃圾"，是指城市生活垃圾，即人类在城市生活活动过程中产生的、对持有者没有继续保存和利用价值的固态或半固态物质，城市垃圾不包括工业固体废弃物、建筑垃圾、医疗垃圾等特种垃圾，但是包括家庭源电子废弃物。

公众参与城市垃圾治理的理论基础主要有治理理论、公众参与理论、环境权与环境义务理论、集体行动理论等。

2.1　治　理　理　论

2.1.1　西方治理理论的内涵

《新华词典》对"治理"一词的解释是：①通知、管理，使安定有秩序如治理国家、治理班级；②整修，使不危害并起作用如治理黄河。在政治学领域，"治理"一词通常指第一种含义，尤其是指国家治理，即政府如何运用国家权力（治权）来管理国家和人民，也被称为传统的治理或"旧治理"（old governance）。"治理"具有国家中心倾向，"治理"的核心概念是"掌舵"，关注政府的核心机构如何对政府的其余部分及经济、社会加以调控（Peters，2000）。

20世纪90年代以来，"治理"被赋予了新的含义。"新治理"（new governance）具有社会中心倾向，关注的是政府的核心机构如何与社会互动、如何达成彼此能接受的决策，或者关注社会如何更加趋于自我掌控，而不是受政府，特别是中央政府的指令（Peters，2000）。1995年，Commission on Global Governance（1995）（全球治理委员会）发表《我们的全球伙伴关系》（*Our Global Neighborhood*）报告，这个报告将治理界定为：各种公共的或私人的机构和个人管理其共同事务的诸多方式的总和。治理是使相互冲突的或不同的利益得以调和并且采取联合行动的持续的过程，这既包括有权迫使人们服从的正式制度和规则，也包括各种人们同意或以为符合其利益的非正式制度安排。这一概念得到了广泛的引用。从这个概念中可以看出，"治理"具有如下特征：治理不仅涉及公共部门，也涉及私人部门和个人，是上述主体间的持续的互动；治理的基础是调和及联合行动；治理是一个过程；利益调和和采取共同的行动的动力包括正式的和非正式的制度。

格里·斯托克（Gerry Stoker）梳理汇总了各国学者们对作为一种理论的治理提出的五种主要观点：①治理指出自政府但又不限于政府的一系列社会公共机构和行为者，也就是说政府并不是国家唯一的权力中心。②治理意味着在为社会和经济问题寻求解决方案的过程中存在着界限和责任方面的模糊性。治理理论明确指出，在现代社会，国家正在把原先由国家独自承担的责任转移给公民社会，即各种私人部门和公民自愿性团体，公民社会正在承担越来越多的原先由国家承担的责任。③治理明确肯定了在涉及集体行为的各个社会公共机构之间存在着权力依赖。进一步说，致力于集体行动的组织必须依靠其他组织；为达到目的，各个组织必须交换资源，谈判共同的目标；交换的结果不仅取决于各参与者的资源，也取决于游戏规则及进行交换的环境。④治理意味着参与者最终将形成一个自主的网络。这一自主的网络在某个特定的领域中拥有发号施令的权威，它与政府在特定的领域中进行合作，分担政府的行政管理责任。⑤治理意味着办好事情的能力并不仅限于政府的权力，不限于政府的发号施令或运用权威。在公共事务的管理中，还存在着其他的管理方法和技术，政府有责任使用这些新的方法和技术来更好地对公共事务进行控制与引导（斯托克，1999）。

在我国，俞可平（1999）教授较早对西方治理理论进行了系统的介绍和论述。他认为，治理与统治的最基本的，甚至可以说是本质性的区别就是，治理虽然需要权威，但这个权威并不一定是政府机关；而统治的权威则必定是政府。统治的主体一定是社会的公共机构，而治理的主体既可以是公共机构，也可以是私人机构，还可以是公共机构和私人机构的合作。治理是政治国家与公民社会的合作、政府与非政府的合作、公共机构与私人机构的合作、强制与自愿的合作。其次，管理过程中权力运行的向度不一样。统治的权力运行方向总是自上而下的，统治运用政府的政治权威，通过发号施令、制定政策和实施政策，对社会公共事务实行单一向度的管理。与此不同，治理则是一个上下互动的管理过程，治理主要通过合作、协商、伙伴关系、确立认同和共同的目标等方式实施对公共事务的管理。治理的实质在于建立在市场原则、公共利益和认同之上的合作。治理所拥有的管理机制主要不是依靠政府的权威，而是合作网络的权威，治理权力向度是多元的、相互的，而不是单一的和自上而下的（俞可平，1999）。

因国家社会政治环境的变化，治理理论的形态也有所不同。世界银行针对发展中国家提出的"善治"，着重于政治上民主制度的建立，高效公平的行政体制的确立、司法独立，经济上市场秩序的完善，以及社会力量的培育和壮大；欧洲普遍采用的"社会-政治"治理强调政府与社会的互动，形成各种组织构成的自组织网络来应对社会逐渐向复杂性、多样性和动态性的变化；而解制型治理，更多的是像美国这样一个政治成熟、官僚体制高度发达的社会对体制内部进行解制改革，改变等级森严的层级制以提高管理绩效。综合说来，治理理论的核心在于探讨权力的多中心配置，多种权力行使方式共同作用，从而改进公共管理绩效（楼苏萍，2005）。

西方治理理论虽然形成多个流派，存在难以胜数的界定（郁建兴等，2017），但其基本政治主张和倾向主要可以概括为：立足于社会中心主义，主张去除或者弱化政府权威，趋向于多中心社会自我治理。因此，"治理"一词在今天的西方学术话语语境中，主要意味着政府分权和社会自治（王浦劬，2014）。

2.1.2　"治理"在我国语境中的含义

随着西方治理理论被引入我国，21 世纪初，"国家治理""政府治理"和"社会治理"等学术概念在我国学术界兴起，这些概念的学术定义和内涵认识呈现多样性。2013 年，中国共产党的十八届三中全会通过的《中共中央关于全面深化改革若干重大问题的决定》指出，全面深化改革的总目标是完善和发展中国特色社会主义制度，推进国家治理体系和治理能力现代化，而政府治理和社会治理则成为《中共中央关于全面深化改革若干重大问题的决定》所确定与阐发的重要改革内容。"治理"随之成为我国政治话语体系中的关键性概念。

王浦劬（2014）认为，与西方国家治理理论奉行"社会中心主义和公民个人本位"不同，我国与西方学术界关于治理实际具有两套不同的话语。我国国家治理是指中国共产党领导人民科学、民主、依法和有效地治国理政；政府治理是指在中国共产党领导下，国家行政体制和治权体系遵循人民民主专政的国体规定性，基于党和人民根本利益一致性，维护社会秩序和安全，供给多种制度规则和基本公共服务，实现和发展公共利益；社会治理则是指在执政党领导下，由政府组织主导，吸纳社会组织等多方面治理主体参与，对社会公共事务进行的治理活动，是在党委领导、政府负责、社会协同、公众参与、法治保障的总体格局下运行的中国特色社会主义社会管理。

郁建兴和王诗宗（2010）指出，按照斯托克的观点，治理理论尽管强调社会网络的重要性，但绝不是纯粹的社会中心学说。郁建兴和王诗宗（2010）对中国民间组织已经成为国家体系以外的推动力量和现行政治-行政体制中公众参与的可能性进行了论证，对治理理论的我国适用性进行了理论辩护，认为：我国当前的政治-行政体制确实与西方存在极大差异，不过，我国政治-行政体制作为一个整体，内部存在碎片化特征，这就为公民参与提供了空间；市场化进程造就了私域，从中可能发展出国家与私人之间的"公域"，这也为参与行为提供了主体准备。更重要的是，地方政府由于拥有一定的独立性，而且特别面临着为公民提供公共服务的艰巨任务，因此在采用新的政策工具和与社会力量合作方面具有持久的动力（郁建兴和王诗宗，2010）。郁建兴和王诗宗还对我国学者的治理研究进行了分析，认为虽然我国学者的理论主张重点各有不同，但已经意识到我国与西方发达国家之间的差异性并形成了某些独特的治理概念理解：首先，在实现过程上，治理应包括公民社会发展与培育的过程，强调通过发展或培育第三部门来促进治理；其次，因为现存的制度问题，治理应该包括政府内部结构或制度改革（郁建兴等，2017）。

借鉴学者们的研究成果，笔者认为，西方治理理论研究中过分强调弱化政府权威、社会自治等主张，是在西方国家特定的政治、经济和社会环境中产生的，并不适合于我国；其蕴含的政府与社会和市场的合作、互动、伙伴关系等因素，则可以为我国的国家、政府和社会治理提供一定的借鉴意义。在我国关于"治理"的话语体系下，以党和政府为主导，扩大社会参与，提高公众参与的层次、水平和深度，构建多主体、多向度的合作互动关系，最终实现多元主体共治的合作治理，是加强我国社会公共事务治理的方向。

2.1.3　城市垃圾治理的含义

对城市垃圾进行管理，提供相关服务，是城市的一项重要的社会公共事务。城市垃圾事务治理既是城市社会治理的一部分，同时也包含着强化政府治理能力的要求——政府通过对自身的内部管理，优化组织结构，改进运行方式和流程，提高政府行政管理的民主性、科学性和有效性，全面正确履行职能，从而建设成为法治政府与服务型政府。

根据治理的本义和治理理论，城市垃圾治理也有多重含义。

一是技术领域的治理，即城市垃圾的清扫、收集、运输、处置等技术活动。

二是传统的治理概念，即以政府为主体的城市垃圾管理活动。例如，我国住房和城乡建设部颁布的《城市生活垃圾管理办法》第三条规定，"城市生活垃圾的治理，实行减量化、资源化、无害化和谁产生、谁依法负责的原则"。

三是我国语境下新的治理概念，强调城市垃圾治理方式的改变，即强化政府治理，同时通过聚合与城市垃圾相关的个人、群体和组织，共同参与，逐步走向合作治理，以便更有效地应对城市垃圾问题。

除引用政策法规外，本书中垃圾治理的含义，是指第三种含义。

2.2　公众参与理论

2.2.1　公众参与理论的内涵

公众参与的概念和理论，源自于参与式民主理论。1960 年，美国学者阿诺德·考夫曼（Arnold Kaufman）提出了参与式民主（participatory democracy）这一概念，被广泛应用于基层民主领域。1970 年，卡罗尔·佩特曼（Carole Patman）发表《参与和民主理论》一书，标志着参与式民主理论正式形成。20 世纪 80 年代，协商民主理论进一步修正和完善了参与式民主理论。参与式民主理论认为，民主不是代表的统治，也不是多数人的统治，而是公民的自治，是公民的积极主动的参与，不是消极的被管理。参与式民主要求公民具有公共精神，关心公共事务，遵循公共理性（陈炳辉等，2012）。

公众参与的概念在英文中有多种表达，包括 public participation、citizen

participation、involvement、engagement 等①，这些名词通常是可以互用的，都可以译为公众参与（蔡定剑，2009）。

自 20 世纪 60 年代起，公众参与的实践在世界范围内不断发展并受到高度关注，对这些实践的研究也促进了公众参与理论的发展。例如，英国在 1968 年为了做好《城乡规划法》的修订工作，专门组成研究小组形成了《斯凯夫顿报告》，报告中提出，公民参与是指公民和政府共同制定政策与议案的行为，参与涉及发表言论及实施行动，只有在公民能够积极参加制订规划的整个过程时，才会有充分的参与（杨贵庆，2002）。1969 年，美国学者 Arnstein（1969）发表了著名的《公民参与的阶梯》一文，提出公民参与是表示公民权利范畴的术语，指的是一种权利的再分配，以使那些一无所有的公民摆脱现在被排除在政治和经济进程之外的状况，在未来被有意地包括进来。同时，公民参与还是一种战略，用以让无权者参与到关于信息如何共享、目标与政策怎样制定、税收如何分配、项目怎样实施、合同及资助等利益如何分配的决策中来。简言之，公民参与是一种让无权者们发起重大社会变革的手段，让他们也能够分享富足社会中的种种益处。Arnstein（1969）将公民参与分为"八层类型"，排成梯子的形式（图 2-1），每一层分别对应着决定最终成果的公民权利的程度。

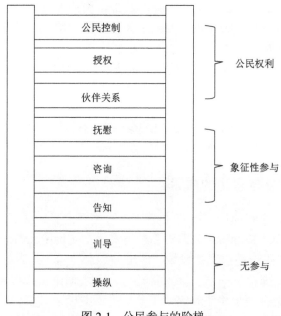

图 2-1　公民参与的阶梯

① 在翻译为中文时，对这些名词有不同的译法，如公民参与、公共参与等。由于一些英文文献中的名称已经存在被社会公众所熟知的中文翻译，为避免造成困扰，本书采用已有的译法。在引用外文文献的中文译文及观点时，本书采用译文中所用的名词。

　　其中，下部两层是操纵（manipulation）和训导（therapy），这两层所描述的情况实际上是"无参与"（non-participation）。其中，操纵的主要方式是邀请活跃的市民代言人做没有实际权利的顾问，或者把与掌权者意见一致的市民安排为市民代表；训导则是不去改善导致市民不满的各种社会与经济因素，而是去改变市民的态度，是让掌权者来"教育"或"医治"参与者。第三层告知（informing）和第四层咨询（consultation）上升到了象征性参与的层面，无权者们有了听和说的权利，如果掌权者能够完全贯彻这两个层面，公民们也许真的能够听见和被听见。但是即使是在这样的情况下，他们仍没有确保他们的意见被掌权者采纳的权利。如果参与被局限在这些层面，就没有跟进、没有实施，也就没有改变现状的保证。第五层抚慰（placation）不过是更高级形式的象征性参与，因为基本规则允许无权者们提建议，但决策权仍然掌握在掌权者手里。第六层至第八层，公民权利对决策有了逐渐增加的政治影响。在第六层，公民可以获得伙伴关系（partnership）地位，使他们可以和传统的掌权者谈判、交易。在第七层授权（delegated power）和第八层公民控制（citizen control），一般公民获得了进行决策的主要地位甚至是全部决策权。

　　进入 20 世纪七八十年代，随着"新公共管理"运动的兴起，公众参与在公共管理中的作用得到了更多关注，学者们对公众参与的渠道、方式及相关制度建设进行了研究。美国学者约翰·克莱顿·托马斯（John C. Thomas）在 1995 年出版的《公共决策中的公民参与》最具有代表性（托马斯，2010），他从公共决策者和公共管理者的视角分析了公民参与的优点与内在缺陷，解释了公共管理者在不同决策情况下，应以怎样的标准选择不同范围、不同深度的公民参与形式这一核心问题，根据公民参与的范围、参与的程度及参与的频率等的区别将公共政策制定过程中公民参与的途径分为四种不同的类型，并对公民参与有效性和相关评价标准进行了论证。

　　20 世纪 90 年代，公众参与的概念和理论传入我国，相关研究开始兴起并逐渐深入。特别是进入 21 世纪以来，在政府管理的诸多领域，公众参与得到广泛应用，国内一些学者也结合我国国情，对公众参与的定义和内涵等做出了不同的阐释，使用的概念也不尽相同，主要有公民参与、公共参与、公众参与等。

　　许多学者使用了公民参与的概念。党秀云（2003）认为，公民参与就是"公民通过一定的参与渠道，参与或影响政府公共政策或公共事务的行动过程"，公民参与机制或途径大致有公开听证、民意调查、咨询委员会、公私合作生产、利益团体。她还认为，良好而有效的公民参与取决于公民的主体性、知情的公民、有效的参与系统相互影响（党秀云，2003）。薄贵利（2000）指出，公民参与的主要形式有：选举、村民自治、民主评议政府、公共管理决策过程中的公民参与（如政治协商会议、公示制、听证会、职工代表大会、建立智囊团等）、公民监督等形式。罗豪才（2003）提出，公民参与，不仅指公民的政治参与，还包括所有关于公共利益、公共事务管理等方面的参与，提出要做到有效、广泛的公民参与，除了经济、文化等的发展及民主意识的提高外，还必须依靠法律、制度、程序的保证。贾西津（2008）认为，经典意义上的公众参与是指公民通过政治制度内的渠道，试图影响政府的活动，特别是与投票相关的一系列行为。公民参与的形式主要包括经典的选举参与、公民参与公共政策，以及新型治理理念下的参与式治理。

俞可平（2006）则将公民参与看作是与公共参与、公众参与等同的概念。他对公众参与的概念、意义、形式和领域、条件和危机等理论问题进行了梳理，并进一步对推动公民参与的问题提出了建议。俞可平（2006）认为，公民参与，通常又称为公共参与、公众参与，就是公民试图影响公共政策和公共生活的一切活动。在公民的所有参与中，政治参与尤其重要，但公民参与和政治参与之间不能完全画等号，公民参与的范围比政治参与更大，除了政治生活外，公民参与还包括公共的文化生活、经济生活和社会生活。俞可平（2006）指出，公民参与有三个基本要素：一是参与的主体，公众参与的主体是拥有参与需求的公民，既包括作为个体的公民，也包括由个体公民组成的各种民间组织；二是参与的领域，社会中存在一个公民可以合法参与的公共领域，这一公共领域的主要特征是公共利益和公共理性的存在；三是参与的渠道，社会上存在着各种各样的渠道，公民可以通过这些渠道去影响公共政策和公共生活。凡是旨在影响公共政策和公共生活的行为，都属于公民参与的范畴；投票、竞选、公决、结社、请愿、集会、抗议、游行、示威、反抗、宣传、动员、串联、检举、对话、辩论、协商、游说、听证、上访等，是公民参与的常用方式。在信息和网络技术日益发达的今天，一些新的公民参与形式正在出现，如电视辩论、网络论坛、网络组织、手机短信等。

中央编译局比较政治与经济研究中心和北京大学中国政府创新研究中心（2009）联合编写了《公共参与手册》，采用了公共参与的概念，认为公共参与就是公民为维护或促进社会公益，通过合法的途径与方式表达利益诉求，影响公共生活及公共决策的社会政治行为。

王锡锌、蔡定剑等学者使用了公众参与的概念。王锡锌（2008）认为，公众参与是在行政立法和决策过程中，政府相关主体通过允许、鼓励利害关系人和一般社会公众，就立法和决策所涉及的与利益相关或者涉及公共利益的重大问题，以提供信息、表达意见、发表评论、阐述利益诉求等方式参与立法和决策过程，并进而提升行政立法和决策公正性、正当性与合理性的一系列制度及机制。

蔡定剑（2009）教授在对公众参与的相关概念和学者们的定义进行了对比分析之后认为，用公共参与只强调参与是个公共过程，而没有参与的主体；用公民参与显然不能概括参与的主体，参与的主体不应仅包括公民，而应包括所有的居民，所以，他认为用公众参与一词比较准确。蔡定剑（2009）从制度化的角度对公众参与进行了定义，认为公众参与民主制度是指公共权力在进行立法、制定公共政策、决定公共事务或进行公共治理时，由公共权力机构通过开放的途径从公众和利害相关的个人或组织获取信息，听取意见，并通过反馈互动对公共决策和治理行为产生影响的各种行为。公众参与民主制度是公众通过直接与政府或其他公共机构互动的方式决定公共事务和参与公共治理的过程。蔡定剑（2009）指出，公众参与所强调的是决策者与受决策影响的利益相关人双向沟通和协商对话，遵循"公开、互动、包容性、尊重民意"等基本原则。蔡定剑（2009）主要从三个层面来描述公众参与的内容：第一是立法层面的参与，如立法听证和利益集团参与立法；第二是公共决策层面，公众参与政府和公共机构的公共政策制定过程如参与到环境保护政策、城市规划政策制定中；第三是公共治理层面，包括法律、法规、政策的实施。蔡定剑（2009）认为公众参与不包括选举，不等同于政治参与；不包括街头行动和个人、组织的维权行动。此外，蔡定剑（2009）以专题的形式讨论了环境保护领域、公共卫生政策、城市规划、公共事业管理、基层预算及基层治理中的公众参与情况，在对这些领域公众参与现状进行研究后，也对NGO、公共知识分子和律师，以及媒体这些主体在公众参与中发挥的重要作用与角色进行了考察，并对我国的公众参与进行了横向和纵向的研究。

　　本书赞同蔡定剑教授对公众参与这一词语的诠释，并采用公众参与一词。不过，从学者们对公众参与的定义和内涵的阐释来看，对公众参与的理解，有的相当宽泛（如俞可平、贾西津等），有的则相对狭义（如王锡锌等）；有的是指制度化参与、合法参与，有的则是制度化参与和非制度化参与兼而有之。而这些阐释都强调了公众参与的权利，也提到了公众在参与过程中要有理性和技巧，但很少提及公众在公共事务治理中自身所应承担的行为义务，而这种行为义务，在环境保护这样的涉及每个人的利益、又需要人人承担责任的公共事务中，是非常重要的一种公众参与。

　　环境法学者吕忠梅（2000）认为，环境保护中"真正的公众参与"应包括：预案参与（公众在环境政策、规划制订中和开发建设项目实施之前的参与）、过程参与（公众对环境法律、法规、政策、规划、计划及开发建设项目实施过程中的参与）、末端参与（环境污染和生态破坏发生之后的参与）、行为参与（公众"从我做起"自觉保护环境的参与）。其中，预案参与是前提，是深、高层次的参与；过程参与是关键，是监督性参与；末端参与是保障，是把关性参与；行为参与是根本，是自为性参与。只有这四个参与有机结合、同时运作，才是完整的公众参与。

　　我国城市垃圾治理涉及的"公众"非常广泛，同时，垃圾治理中公众参与的制度化水平还很低，而非制度化的参与、自为性参与却非常多，因此，综合上述学者对公众参与概念的阐释，结合城市垃圾治理的实际，笔者采用广义的公众参与概念，将城市垃圾治理中的公众参与定义为：在城市垃圾治理这一公共事务中，公众为维护自身利益及公共利益，通过多种渠道和方式、方法，发表意见，影响相关立法和决策，对执法和政策实施过程进行监督，以及自我行为参与等一切活动。

2.2.2 公众参与的主体

主体是公众参与的基本要素之一。从学者们的观点来看，公众参与的主体，既包括作为个体的公众及其组成的团体、临时群体，也包括 NGO，还包括企业（法人）。《中华人民共和国环境保护法》中关于信息公开和公众参与的部分规定："公民、法人和其他组织依法享有获取环境信息、参与和监督环境保护的权利。"结合法律规定和学者观点，笔者认为，凡是政府组织以外的组织，以及不是在履行公权力的个人，都可以作为城市垃圾治理公众参与的主体。当然，根据具体事项的不同，参与主体又可以分为利益相关者和非利益相关者。在城市垃圾治理问题中，利益相关者非常广泛，因为相关的管理政策可能涉及每一个城市居民；在某一特定事项中，利益相关者又是相对具体的。

在城市垃圾治理事务中，公众参与的主体主要包括个体公众、社区团体、NGO和企业。

（1）个体公众。个体公众包括普通居民、专家和拾荒者等。居民是城市垃圾的主要制造者，也是垃圾治理事务中最广泛、最重要的参与者。当政府的垃圾治理政策、规划项目等与自身权益直接相关时，居民还可能组成临时的群体，表达意见，维护自己的权益，但这种群体并不是严格意义上的团体或组织。垃圾治理，尤其是在垃圾分类、设施规划建设和末端处理等阶段与事务上，需要专业知识和技术支持，因此专家的参与必不可少。废弃物捡拾者和废弃物收集者（通常称为"拾荒者"）在垃圾治理体系中也扮演着重要的作用，与从事正式的城市废品收购工作（由当地政府或企业支付工资）的人不同，他们主要通过出售收集的物质获得收入，一般都非常贫困，常常是松散组织。在很多国家，非正式的废弃物捡拾都被看成是对整体的废弃物管理计划有益的，因为废弃物捡拾能够提供就业，并有可能去除高达 20% 的废弃物物流（Hoornweg et al.，2005）。

（2）社区团体。社区团体主要是指社区自治组织。社区团体在许多国家都参与垃圾处理设施的规划，他们的参与行为可以影响处理、转运和处置设施的选址与许可决策。如果在设施规划过程中没有组织良好的公众参与，那么在拟建设施附近的社区团体可以推迟甚至阻止设施建设的实施。地方社区团体还能够在防止乱丢垃圾、制定废弃物收集时间表、卡车运输路线和废弃物减量计划方面起到很大的作用如回收利用和容器押金返还体系（Hoornweg et al.，2005）。

（3）NGO。NGO 主要包括行业协会、专业协会和关注垃圾议题的环保 NGO。行业协会主要有包装协会、回收利用或再生利用协会、推动具体的废弃物管理做法（如焚烧）的协会等。专业协会主要由与固体废弃物管理相关的专业技术机构和专业人员组成。在欧洲和北美洲，专业工程师协会、专业的城市经营者协会、固体废弃物协会（如英国的废弃物管理学院）在城市固体废弃物管理方面有着极其重要的地位。这些协会的个人和公司会员都要遵守专业行为规范，协会还召开定期会议和年会，为会员提供交流想法和信息的机会。专业协会明显地提升了这一领域的整体专业化程度。很多主要利益相关者是国际固体废物协会（International Solid Waste Association，ISWA）的会员，国际固体废物协会举办全球性的会议，制定政策和技术指导，广泛地满足大范围的国际会员的需求。环保 NGO 对固体废弃物管理也有着巨大的影响。由于一件物品作为固体废弃物可能造成的环境影响约是全部环境影响的 5%，大部分的环境影响发生在物品的提取、加工和使用过程中，对于固体废弃物管理，国际环境团体的工作一般是鼓励废弃物减量、扩大循环利用、堆肥、押金返还、收取材料税和非焚烧方式（Hoornweg et al.，2005）。

（4）企业。企业主要指从事垃圾治理行业的企业、所生产的产品会产生大量生活垃圾的企业。企业可以通过相关设备生产、技术研发、PPP 项目等途径参与垃圾收运和处理等过程。同时，企业还可以通过公益倡导、提供资助和咨询建议等方式，对城市垃圾治理做出贡献。

2.2.3　公众参与的渠道

公众可以通过各种各样的渠道去影响城市垃圾治理相关的公共政策和公共生活。这些渠道可分为制度性渠道和非制度性渠道。制度性渠道，是指公众根据法律、法规、规章等规定而参与政治的活动，包括投票、信访、网络参与、民间组织的公共治理行为，以及公民加入社团（党、团）、党政系统的利益表达等机制。非制度性渠道则是指没有法律规定或在某种程度上与法律有冲突的参与行为（杨光斌，2009）。

2.3　环境权与环境义务理论

2.3.1　环境权理论

环境权即公民、法人和其他组织等对其所处环境所享有的保障其正常生产、生活所需的良好环境质量的权利。简言之，环境权即公民等享有良好环境的权利（杨朝霞，2013）。环境权理论是公众参与环境保护事务的重要理论基础。

环境权概念产生于 20 世纪 60 年代。当时，西方国家环境污染"公害"事件频发，"环境危机的时代"到来。一些专家和公众呼吁排污者尊重他人的生活权利，防止环境质量受到污染损害。但是排污者却从传统的观点出发，认为向非个人专有的流水、大气、原野等自然的纳污场所排污，不算侵权违法，认为从事经济活动并获取利润是法定的权利，而排污则是行使这种权利的必需条件。这样就产生了两种社会权利的矛盾和冲突。由于当时的法律没有关于环境权的规定，通过法律明确国家、团体和个人在使用环境条件方面所享有的权利及在保护环境方面应尽的义务，成为社会舆论的焦点之一（蔡守秋，1982）。美国学者 Sax（1971）教授结合美国的环境运动，从民主主义的立场首次提出了"环境权"的理论。他认为，人人都享有良好环境的权利，公民的环境权是公民最基本的权利之一，应该在法律上得到确认并受法律的保护，即公民和其他法律主体应有提起关于公共信托的空气、水和其他资源的诉讼的权利（Sax，1971）。联合国 1972 年在斯德哥尔摩人类环境会议上通过的《人类环境宣言》在第一条中明确指出：人类既是他的环境的创造物，又是他的环境的塑造者，环境给予人以维持生存的东西，并给他提供了在智力、道德、社会和精神等方面获得发展的机会。人类在地球上的漫长和曲折的进化过程中，已经达到这样一个阶段，即由于科学技术发展的迅速加快，人类获得了以无数方法和在空前的规模上改造其环境的能力。人类环境的两个方面，即天然和人为的两个方面，对于人类的幸福和对于享受基本人权，甚至生存权利本身，都是必不可少的。同时，《人类环境宣言》中还申明了如下信念：人类有权在一种能够过尊严和福利的生活环境中，享有自由、平等和充足的生活条件的基本权利，并且负有保护和改善这一代和将来的世世代代的环境的庄严责任。联合国人类环境会议（1983）从而以环境保护的权利和义务同时出现的形式提出了环境权的主张。

此后，环境权被很多国家写入了宪法、环境法及其他有关法律，环境权被这些国家规定为公民的一项基本权利。环境权理论和实践仍然处于发展之中。

我国关于环境权理论的研究始于 20 世纪 80 年代初，经过 30 多年的发展，我国的环境权研究学说各异、观点众多，甚至对何谓环境权这一基本概念、环境权的主体和内容等都尚未达成共识（吴卫星，2014）。我国也没有明确地将环境权写入宪法和其他国家层面的法律，但在 2014 年修订的《中华人民共和国环境保护法》第 53 条和第 58 条中规定了环境知情权、参与权、监督权和公益诉权；上海、福建、海南、宁夏、深圳等地的环境保护条例中对环境权则有明确的规定（吴卫星，2014）。我国生态文明建设目标的提出，实际上就是要赋予人们享用良好环境的权利。生态文明建设的首要目标是保持良好的环境质量，其重要途径是公众参与。从'权利本位'的角度看，就是要赋予人们享用良好环境的权利，并保障其有权向政府获取有关环境信息，有权参与政府部门的环境决策，有权请求政府部门履行环境监管的法定职责，有权向污染和破坏环境的公民、法人和社会组织及不履行或不当履行职责的政府部门提起诉讼，从而有力地对抗污染和破坏环境的各种行为，实现对环境和资源的有效保护。正如地权是农业文明时代的代表性权利、工业产权是工业文明时代的代表性权利一样，环境权应成为生态文明时代的代表性权利（杨朝霞，2013）。

2.3.2　环境义务理论

有的学者认为，环境权应该包括享有环境的权利及保护环境的义务两个方面（蔡守秋，1982）。《人类环境宣言》也在提出环境权的同时提出了保护环境的义务。另外一些环境法学者则基于环境权在立法、司法领域里遭受的困境，主张环境法的环境义务本位，即通过设定义务性规范来实现环境法的目的。自 2003 年起，徐祥民教授发表了一系列质疑环境权本位的文章，成为国内环境法从环境权到环境义务思维转变的节点。义务本位论获得的支持越来越多，已有的环境义务研究多从主体角度展开，并集中于政府环境义务。关于企业环境义务的研究突破不大，关于公民环境义务的研究则集中于消费者角色（李艳芳和王春磊，2015）。

虽然环境权和环境义务理论尚处在发展阶段，存在颇多争议，但研究也表明，在权利和义务的统一方面，学者们还是有共识的，也就是说，公民、法人和其他组织应当都有权利享有良好环境，同时也都有义务保护环境。就城市垃圾方面来说，城市中的个人和组织享有不受城市垃圾造成的环境污染危害的权利，同时，作为垃圾的生产者，他们也应该负有参与垃圾治理，避免和减缓垃圾造成的环境污染的义务。

2.4　集体行动理论

2.4.1　集体行动的困境

著名经济学家曼瑟尔·奥尔森（Mancur Olson）指出，人类在组织集体生活、提供公共产品的时候，会面临"有理性的、寻求自我利益的个人不会采取行动以实现他们共同的或集团的利益"的"集团行动困境"（奥尔森，2014），其核心问题是"搭便车"。很多学者从社会科学的角度，以不同的方法对这一困境进行了分析，如公用地的悲剧、囚徒困境、集体行动的逻辑等。这些分析表明，如果每个人参与合作，则人人都会获得利益，但在缺乏协作和可信的相互承诺的情况下，每一个人都会选择背叛对方，结果无法达成合作（燕继荣，2015）。

良好的城市垃圾管理，带来的是更好的城市环境，全社会的资源节约和城市的和谐、可持续发展，因而良好的城市垃圾管理可以被看作一种公共产品；参与城市垃圾治理行动如减少家庭废弃物、垃圾分类、参与与垃圾治理相关的政策过程等，也是一项公共事务，提供的是公共产品。因此，垃圾治理同样面临集体行动困境的问题。例如，在我国垃圾分类试点小区中，居委会、二次分拣员和部分居民可能会非常认真与积极地进行分类，付出大量的时间和劳动，甚至有的志愿者宁愿自己掏腰包来设置设施为居民的垃圾分类提供方便，但更多的人却可能不愿或不能做到分类投放——有的居民可能会认为垃圾源头分类浪费自己的时间和精力，为了个人的方便和利益而不去执行；而其他人为垃圾分类所做出的努力，带来的垃圾减量、资源节约、环境改善的好处，不参与分类的人也能够享受到，致使垃圾源头分类不能形成有效的集体行动。居民集体行动的困境是当前我国城市垃圾治理公众参与面临的主要阻力之一。

2.4.2 集体行动困境的克服

对于集体行动困境的克服，已有的理论研究主要提出了四种途径：第三方强制执行、选择性激励、自主组织和自主治理、利用社会资本。

1. 第三方强制执行

作为最早面对集体行动困境的社会理论家之一，托马斯·霍布斯（Thomas Hobbes）在谈到如何维持社会内部和平和进行外部防御时指出，唯一的道路是把大家所有的权利和力量托付给某一个人或一个能通过多数的意见把大家的意志化为一个意志的多人组成的集体。大家都把自己的意志服从于他的意志，把自己的判断服从于他的判断。这样，"利维坦"就诞生了，霍布斯将之称为"活的上帝"（霍布斯，1985）。"利维坦"被学界视为强权国家，不过我们也可以把利维坦理解为一种公正无私而又强大有力的政府权力或公共权力（燕继荣，2015）。第三方强制执行可以被理解为由政府公共权力来对公众行为进行强制执行。在垃圾治理中，强制的方式是制定相关的法律、法规、政策措施，并严格执行。但是，强制执行方式的困难之处部分地在于，强制执行成本太高。更为关键的是，公正的执行，本身就是一个公共品，一样受制于它所致力于解决的基本困境（帕特南，2015）。所以，如果法律、法规本身不够完善，如果没有良好的法制环境和足够的执法力量，仅靠政府和法律本身的强制力将很难实现对居民在垃圾丢弃等方面的约束。

2. 选择性激励

奥尔森认为："只有一种独立的和'选择性'的激励会驱使潜在集团中的理性个体采取有利于集团的行动。"（奥尔森，2014）通过选择性的激励，那些没有为实现集体利益做出贡献的组织和个人所受到的待遇与那些参加的组织和个人才会有所不同。奥尔森还指出，"这些'选择性的激励'既可以是积极的，也可以是消极的，就是说，它们既可以通过惩罚那些没有承担集团行动成本的人来进行强制，或者也可以通过奖励那些为集体利益而出力的人来进行诱导"。（奥尔森，2014）选择性激励在城市垃圾治理中也较为常见。比如，政府的强制执行往往会与"消极的"负面激励相结合。政府的法律、法规和政策措施中会规定不遵守垃圾管理规定的罚则，也会通过各种类型的奖励等积极激励方式来推进垃圾分类等管理措施。但是，如果执法力量、基础设施和宣传教育等相关配套不足，或者资金支持缺乏可持续性等，则会导致激励措施作用有限。因此，在运用选择性激励时，应当完善激励的前提条件，如在垃圾分类工作中，应完善分类设施、充分的分类指导等，同时要制定合理的激励措施和奖惩力度——正如奥尔森所指出的，选择性激励对个人偏好的价值要大于个人承担集体物品成本的份额，价值较小的制裁或奖励不足以动员一个潜在集团（奥尔森，2014）。

3. 自主组织和自主治理

新制度经济学的代表人之一埃莉诺·奥斯特罗姆（Elinor Ostrom）摒弃了用国家控制和私有化解决"公地悲剧"的方法，提出了通过公众内部的自主组织和自主治理解决集体行动困境的可能性与可行性。通过对公共池塘资源情境中自主组织和自主治理的制度方法的研究，奥斯特罗姆指出，要解决公共池塘资源的集体行动问题，需要解决三个问题，即新制度的供给问题、可信承诺问题、相互监督问题（奥斯特罗姆，2012）。自主组织和自主治理理论也蕴含了"多中心治理"的理念。虽然垃圾治理政策一般都是政府强制推行的，但是在政策推广和执行政策的过程中，各种自治组织、NGO、企业的参与和自我组织却十分重要，在一定程度上，自主组织和自主治理在垃圾治理较好的国家与地区已充分得到证明。但是在自主组织的社会基础尚不充分、自主治理能力未能充分发挥的国家和地区则难以实现。

4. 利用社会资本

政治学和社会学领域的一些学者提出了以"社会资本"为基础来解决集体行动困境的途径，主要的代表人物之一是罗伯特·D. 帕特南（Robert D. Putnam）。帕特南认为，"集体行动的困境可以通过利用外部的社会资本来加以克服"（帕特南，2015）。帕特南（2015）认为社会资本是指"社会组织的特征，诸如信任、规范以及网络，它们能够通过促进合作行为来提高社会的效率"。在帕特南看来，在所有社会中，集体行动困境都阻碍了人们为了共同的利益而进行合作的尝试。第三方强制执行不足以解决这一问题。自愿性合作依赖于社会资本的存在。而人们之所以选择合作，原因首先在于彼此之间的相互信任，稳定的信任关系使自发的合作成为可能。这一巩固的社会信任能够从这样两个互相联系的方面产生：互惠规范和公众参与网络（帕特南，2015）。也就是说，由于社会成员之间关系密切、相互信任，从而形成了公众参与网络，而公众参与网络又使得信任得到传递和扩散；为了维护公众参与网络，人们培育出了参与过程中的社会规范，这些规范能够降低交易成本，促进合作和信任。并且，社会信任、规范、公众参与网络和成功的合作，是互相支持、互相强化的（帕特南，2015）。

社会资本理论从社会合作和社会信任的角度寻求解决集体行动困境的新途径，而纵观先进国家和地区的垃圾治理历史，社会资本也确实起到了至关重要的作用。以垃圾分类为例，首先，在信任方面，政府不遗余力、持之以恒地宣传并严格执行法律、法规，使社会公众能够感受到政府在垃圾分类中的决心和诚意，由此对政府产生信任。同时，政府还清晰、明确地公布每年生活垃圾具体的削减数量，使公众知晓自己所做事情的贡献，了解到政府和他人也在做，由此增强彼此的信任感。其次，这些国家和地区形成了较完整的纵向与横向的参与网络。纵向上，建立了政府和社会构成的纵向参与网络。政府在分类知识的宣传，法律、法规的完善，政策设计，制度建设到硬件设施等方面都竭力做好，以获得社会成员的配合。横向上，由居民、志愿者组织、企业组成的横向网络形成了合力，一起发挥作用。最后，在规范方面，除法律、法规规定的处罚措施之外，这些地方还形成了无形的道德规范的压力，如果不按规定分类，就会受到舆论的谴责。因而，社会资本的存在不仅提高了这些国家和地区垃圾分类社会民众的参与程度、合作程度，而且增强了法律执行效果，降低了法律、制度实施的成本，从而提高了垃圾分类的成效。在社会资本薄弱的国家和地区，则需要注意创造和积累社会资本（张莉萍和张中华，2016）。玛格丽特·勒维（Margaret Levi）指出，应该重视政府在创造和积累社会资本方面的作用，政府也可以是社会资本的来源，政策绩效能够成为信任的来源（Levi，1996）。

集体行动困境及其克服的相关理论，为我国政府推进公众参与城市垃圾治理提供了非常重要的启示。

第3章　我国城市垃圾治理概况及公众参与的意义

我国古代很早就注意到了城市垃圾问题，并开始对其进行管理。在出土的商周青铜器上，已出现打扫卫生的图案，说明已有人负责处理城市垃圾了。唐代对于随便倾倒垃圾者处以刑罚，有关管理部门如果没有履行职责，将同样获罪，并受处罚。长安这样的大城市还出现了以清理垃圾、粪便为职业的人（牛晓，1998）。1870年，上海公共租界的工部局新增了卫生处，下设"粪秽股"，负责垃圾粪便的日常清运工作（刘文楠，2014）。

不过，在中华人民共和国成立之前，我国城市对垃圾处理问题并没有特别重视，政府只是在为保证街道整洁、河道畅通时才会特别重视垃圾清运，而不是彻底解决垃圾问题。例如，汉代官府一般就是雇人将垃圾挑出城堆积而已；南宋的临安城，"遇新春，街道巷陌，官府差顾淘渠人沿门通渠；道路污泥，差顾船只，搬载乡落空闲处"（孟元老，1982）；民国时期是由警察局指派清道夫把垃圾运到指定场地填入洼地（王明珠，2013）。年深日久，积累的垃圾仍会影响城市的居住环境。例如，《隋书·列传第四十三》中曾提到：汉营（指长安城）此城，经今将八百岁，水皆咸卤，不甚宜人。说明汉长安城经历800年之后，垃圾、粪便等污染环境，造成百姓不适宜继续居住的状况。而1949年北平刚解放时，城内积存垃圾多达60多万吨，其中妨碍交通、亟待运除的垃圾就有24万吨之多，以至于当时的北平专门成立了由党、政、军、工、农、商、学等各界代表组成的清洁运动委员会，发起了一场历时91天的以清洁垃圾为中心的清洁卫生运动（王蕾和李自华，2009）。我国各城市有组织地进行垃圾处理则出现在中华人民共和国成立以后。

3.1　我国城市垃圾治理概况

3.1.1　我国城市垃圾治理的历史发展

中华人民共和国成立以来，我国对城市垃圾的管理经历了一个重环境清扫、轻末端处理—重废品回收和无害化处理轻源头管理—综合规划、全程管理的发展过程。同时，在管理主体上，从政府为几乎唯一的主体，逐渐发展为社会多元参与、共同治理。

20 世纪五六十年代，我国的垃圾都是居民区就近露天堆积的，收运垃圾的汽车也多为无篷盖的卡车。到了 20 世纪 70 年代，一些城市开始建立垃圾收集箱、垃圾台等，目的是垃圾不落地，收运汽车也开始采用封闭箱式，并使用机械提升，改善了环卫工人的作业条件，并大大减少了环境污染。20 世纪 80 年代后期开始，大中型城市开始建设密闭式垃圾收集站（垃圾楼），如北京市就先后建了 760 座垃圾楼，平均每平方千米 1 座。每天，卫生员用小推车将居民的垃圾清运到垃圾楼的集装箱内，装满后由垃圾车清运走（王维平，1999）。但是，对于清运走的垃圾则基本上采取了"野埋"的方式进行处理。直到 20 世纪 80 年代末，北京在全国率先实现垃圾无害化处理零的突破。此后，我国各城市逐步开始建设正规的垃圾填埋场，垃圾无害化处理率逐年增加。

在加强垃圾处理的同时，废旧物品的回收和利用在我国也颇受重视，尤其是在物质匮乏年代。在 20 世纪 50 年代，就有不少城市成立了从事物资回收的公司，设立了大量的废品回收站来回收一部分家庭废弃物中的有用物资。例如，北京市 1953 年就已开始成立废品回收站，到 1965 年，仅在二环路内，就有 2000 多个国营废品回收站，大大减少了垃圾处理量（王明珠，2013）。

尽管废品回收仍然是垃圾处理的一个重要组成部分，但长期以来，人们对城市垃圾管理的认识还主要在垃圾收运和末端处理上，而末端处理也主要是从露天堆放变为"卫生填埋"。进入 21 世纪，随着垃圾产生量的急速增加，"垃圾围城"问题在北京、上海、广州等大城市日益严重，并开始向二三线城市蔓延，随着社会公众环保意识的提高，垃圾问题开始受到更为广泛的关注，人们开始思考"垃圾管理"与"垃圾处理"的区别。例如，广州市政府曾经邀请 32 位专家就城市垃圾处理问题召开专家咨询会，这些专家经过为期两天的认真讨论，形成了专家意见书，该意见书最大的贡献就在于区分了"垃圾管理"与"垃圾处理"两个层次，指出：生活垃圾"管理"的优先原则是源头减量、资源回收、生物处理、焚烧（热能回收）、剩余填埋；而现代化的垃圾焚烧技术则是广州市生活垃圾"处理"的优先选择，宜采用"以焚烧为主、填埋为辅"的生活垃圾处理模式。过去在工作中习惯于讲"垃圾处理"，是因为管理部门把垃圾问题看小了，只注意到了最后的末端环节。"垃圾管理"概念的积极意义就是开阔我们的视野，通过对生产、消费、环境、健康、人居、社区等许多因素和条件做出综合规划，可以重新界定问题，并有可能另辟蹊径解决问题（郭巍青，2010）。

同时，随着治理理论研究在学术界的兴起，以及国家治理、政府治理、社会治理在我国社会的普及，其中包含的公众参与、多元共治等理念丰富了原有的主要从技术和统治意义上理解的城市治理、环境治理等相关概念，人们也开始从治理的角度来思考城市垃圾问题，将除政府之外的社会公众、企业、社会组织等作为参与主体，与政府一起形成"城市垃圾治理"的多元主体，我国城市垃圾治理也进入了一个"多元主体+全过程"治理的新阶段。

3.1.2　我国城市垃圾的产生量和处理方式

1. 我国城市垃圾的产生量和处置状况

根据 2016 年我国环境保护部发布的《2016 年全国大、中城市固体废物污染环境防治年报》相关数据，大、中城市 2015 年和 2014 年垃圾产生量约为 18 564.0 万吨和 16 816.1 万吨。各省区市（数据不包括香港、澳门、台湾）发布的大、中城市垃圾产生情况见图 3-1 和图 3-2。

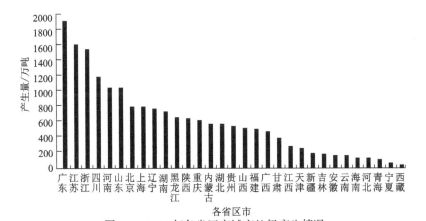

图 3-1　2015 年各省区市城市垃圾产生情况

资料来源：环境保护部发布的《2016 年全国大、中城市固体废物污染环境防治年报》

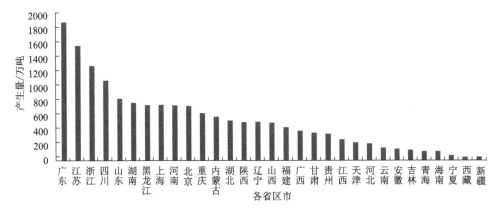

图 3-2　2014 年各省区市城市垃圾产生情况

资料来源：环境保护部发布的《2015 年全国大、中城市固体废物污染环境防治年报》

由于 2015 年数据与以往数据统计中城市的个数略有差异，总体数据不具有可比性，可以通过城市垃圾产生量排名前十位的城市的数据来进行对照。表 3-1 列出了 2015 年 246 个大、中城市中，城市垃圾产生量居前十位的城市。北京是城市垃圾产生量最大的城市，产生量为 790.3 万吨，上海、重庆、深圳和成都产生量分别为 789.9 万吨、626.0 万吨、574.8 万吨和 467.5 万吨。前十位城市产生的城市垃圾总量约占全部信息发布城市垃圾产生总量的 27%。表 3-2 是 2014 年 244 个大、中城市中，城市垃圾产生量居前十位的城市。

表 3-1　2015 年城市垃圾产生量排名前十城市（单位：万吨）

序号	城市名称	城市垃圾产生量
1	北京	790.3
2	上海	789.9
3	重庆	626.0
4	深圳	574.8
5	成都	467.5
6	广州	455.8
7	杭州	365.5
8	南京	348.5
9	西安	332.3
10	佛山	320.8

资料来源：环境保护部发布的《2016 年全国大、中城市固体废物污染环境防治年报》

表 3-2　2014 年城市垃圾产生量排名前十城市（单位：万吨）

序号	城市名称	城市垃圾产生量
1	上海	742.7
2	北京	733.8
3	重庆	635.0
4	深圳	541.1
5	成都	460.0
6	广州	430.2
7	宁波	342.1
8	杭州	330.5
9	佛山	307.7
10	武汉	295.0

资料来源：环境保护部发布的《2015 年全国大、中城市固体废物污染环境防治年报》

对比可见，除连续两年排名第三的重庆垃圾产生量略有下降外，其他位次上的城市垃圾产生量均有上升，前十名城市的垃圾产生总量增加了 253.3 万吨，涨幅达到 5.3%。

从垃圾末端处理的情况来看，2015 年，246 个大、中城市垃圾处置量是 18 069.5 万吨，处理率达 97.3%。从 2010～2015 年的情况来看，我国城市垃圾无害化处理率逐年上升（图 3-3）。

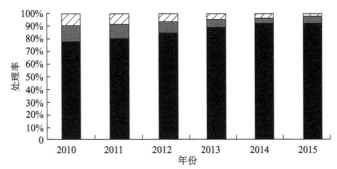

图 3-3　2010～2015 年我国城市垃圾处理情况

资料来源：2015 年城乡建设统计公报. http://www.mohurd.gov.cn/xytj/tjzljsxytjgb/tjxxtjgb/201607/t20160713_228085.
html[2016-07-31]

2. 我国城市垃圾的处理方式

人类文明在不断进步，科学技术也在日益发展，但是从古至今几千年来，人类处理垃圾的基本方式却一直是以下四种：焚化、倾倒、减量（将来的垃圾的体积）、转为有用物质（回收）。"任何稍具复杂性的文明或多或少会同时采取这四种方式"（拉什杰和默菲，1999）。当前，我国城市垃圾无害化处理的方式主要有三种，即卫生填埋、堆肥和焚烧发电。

统计数据显示（表 3-3），2016 年全国共有城市垃圾无害化处理厂 940 座，其中卫生填埋场 657 座，焚烧厂 249 座，其他处理厂 34 座。城市垃圾无害化处理量达 19 673.7 万吨，其中卫生填埋 11 866.4 万吨，占比约为 60.3%，焚烧 7378.4 万吨，占比约占 37.5%。与 2015 年相比，卫生填埋占比下降约 3.4%，焚烧占比则上升了约 3.2%。

数据表明，我国目前使用最多的生活垃圾处理方式是卫生填埋，而焚烧的处理方式则正在被越来越多的城市所采用，堆肥方式的使用则非常少。而这三种方式各有利弊。

卫生填埋在环境控制、工程工艺和技术设备等方面都有严格的国家标准和技术规范。这些技术和工艺主要包括：要进行防渗处理；每天填入的垃圾要压实盖土，并再压实，压实的密度和盖土的厚度都有规定标准。随着垃圾填埋厚度逐渐升高，还要均匀地加上竖管，将垃圾发酵产生的甲烷气体引出。当填埋到足够的厚度，就要进行封场处理，封场覆盖系统的各层应具有排气、防渗、排水、绿化等功能。这种处理方法的投资相对较低，工艺简单，易于操作和管理，但缺点也是显而易见的。首先是土地的浪费。填埋场一般占地面积较大，封场后土地的使用价值极低。垃圾的弹性大，场地不均匀，容易下沉，难以作为建筑用地。垃圾降解会不断地排出甲烷气体，易燃易爆，存在安全隐患。填埋场也不能种庄稼，

表 3-3 2016年分地区城市垃圾清运和处理情况

地区	生活垃圾清运量/万吨	无害化处理厂数/座				无害化处理能力/（吨/日）				无害化处理量/万吨				粪便清运量/万吨	粪便无害化处理量/万吨	城市垃圾无害化处理率
		合计	卫生填埋	焚烧	其他	合计	卫生填埋	焚烧	其他	合计	卫生填埋	焚烧	其他			
全国	20 362.5	940	657	249	34	621 351	350 103	255 850	15 398	19 673.7	11 866.4	7 378.4	428.9	1 299.2	647.1	96.62%
北京	872.6	27	14	7	6	24 341	9 141	10 400	4 800	871.3	472.8	272.5	126.0	204.0	190.5	99.85%
天津	269.0	9	4	5		10 800	5 100	5 700		253.4	113.4	140.0		28.4	6.4	94.20%
河北	725.2	51	39	10	2	23 140	12 480	10 100	560	709.2	408.4	288.6	12.2	92.6	17.8	97.79%
山西	469.4	23	18	5		13 456	9 644	3 812		444.1	320.3	123.8		35.3	1.0	94.61%
内蒙古	345.3	28	26	2		11 969	9 619	2 350		341.4	302.2	39.2		60.0	12.0	98.87%
辽宁	933.1	33	27	4	2	25 603	22 513	1 780	1 310	870.2	756.0	66.4	47.8	85.9	18.4	93.26%
吉林	534.1	28	21	4	3	15 095	9 395	4 700	1 000	461.0	298.5	130.6	31.9	62.5	39.2	86.31%
黑龙江	541.9	34	27	4	3	16 306	11 763	3 000	1 543	436.9	307.3	85.0	44.6	120.7	32.7	80.62%
上海	629.4	14	5	7	2	23 530	11 230	11 300	1 000	629.4	329.6	272.9	26.9	159.7	53.2	100.00%
江苏	1 562.3	61	31	30		55 403	22 310	33 093	200	1 561.2	451.9	1 109.3		65.9	47.2	99.93%
浙江	1 433.5	61	25	35	1	48 250	13 558	34 492	200	1 433.3	598.5	834.8		75.4	62.5	99.99%
安徽	540.0	28	17	11		18 087	9 037	9 050		539.6	258.1	281.5		13.0	8.3	99.93%
福建	657.0	26	11	14	1	19 431	5 865	13 066	500	646.7	206.0	421.4	19.3	4.0	2.9	98.43%
江西	399.5	17	16	1		10 505	9 865	640		379.4	348.7	30.7		7.8	6.2	94.97%
山东	1 466.3	66	38	24	4	42 484	20 074	20 550	1 860	1 466.2	705.3	707.5	53.4	22.2	22.2	99.99%
河南	915.4	45	40	5		24 757	19 907	4 850		904.0	746.6	157.4		36.9	17.6	98.75%
湖北	880.1	44	29	12	3	25 136	11 340	12 521	1 275	843.1	444.9	374.6	23.6	16.4	4.4	95.80%
湖南	681.6	33	29	4		23 013	18 833	4 180		680.8	565.7	115.1		2.8	2.3	99.88%
广东	2 391.0	76	48	24	4	71 217	39 972	30 045	1 200	2 300.6	1 476.8	785.9	37.9	89.3	54.2	96.22%
广西	411.2	25	20	5		12 651	8 851	3 800		406.9	329.3	77.6		7.7	3.9	98.95%
海南	188.7	10	6	4		6 133	2 233	3 900		188.6	58.5	130.1		0.6	0.4	99.98%
重庆	494.1	24	21	3		11 753	7 353	4 400		494.0	299.4	194.6		45.7	10.8	99.98%
四川	886.7	44	30	14		24 500	12 400	12 100		874.2	512.3	361.9		15.9	5.6	98.59%

续表

地区	生活垃圾清运量/万吨	无害化处理厂数/座				无害化处理能力/（吨/日）				无害化处理量/万吨				粪便清运量/万吨	粪便无害化处理量/万吨	城市垃圾无害化处理率
		合计	卫生填埋	焚烧	其他	合计	卫生填埋	焚烧	其他	合计	卫生填埋	焚烧	其他			
贵州	294.0	18	14	4		9 290	6 890	2 400		278.2	237.8	40.4		0.9		94.63%
云南	432.1	29	21	8		11 079	4 179	6 900		401.7	155.8	245.9		15.1	7.5	92.96%
西藏	46.1	6	6			1 151	1 151			42.0	42.0			0.1		91.11%
陕西	532.8	22	20	1	1	18 075	16 425	1 500	150	525.0	506.5	13.0	5.5	7.3	5.9	98.54%
甘肃	257.2	20	18	2		7 840	4 919	2 921		187.1	154.7	32.4		16.2	9.7	72.74%
青海	82.0	8	8			2 253	2 253			78.9	78.9			1.4		96.22%
宁夏	112.2	9	8	1		4 460	2 960	1 500		110.3	76.0	34.3		5.7	4.7	98.31%
新疆	378.7	21	20	1		9 643	8 843	800		315.4	304.4	11.0		0.2		83.28%

资料来源：根据国家统计局发布的《中国统计年鉴 2017》整理得到，数据不包括香港、澳门、台湾地区

因为庄稼的根系可能吸收垃圾中的有毒物质，而使食用者受到伤害。其次，即使符合环境标准，填埋场在运行过程中还是会对周围环境产生一定的不良影响，因此，填埋场选址要远离居民活动区等区域，这样也进一步增大了占地面积。在实际选址中，填埋场往往要远离城市，而且日复一日的垃圾长途运输，造成极高的费用。为了降低运输费用，往往要建压缩式大型转运站，这又是一笔不小的投入。最后，垃圾中大量的有用资源被埋掉而白白浪费了。随着城市规模的发展与需要，我国东部沿海和经济发达城市可开发和利用的土地逐渐减少，已基本停止使用卫生填埋的处理方式。

伴随着经济的发展和消费水平的提高，垃圾中的纸、塑料、织物等成分增多，垃圾的热值快速升高。许多国家纷纷研制专用焚烧垃圾设备技术。垃圾焚烧处理是指采用焚烧炉在高温的条件下将垃圾充分燃烧的处理方法。垃圾焚烧产生大量的热量可用于发电和供暖。早期的垃圾焚烧设备不能解决排烟的净化问题，使得垃圾这种固体污染转化成气体污染，因此不能被国际社会承认和推广。经过不断地研究改进，20世纪90年代初，排烟净化问题得以解决，焚烧炉的排烟达到了居民区的空气质量标准。垃圾焚烧产生的电除供自己运行外，还可有 $1/3 \sim 1/2$ 出售。垃圾焚烧发电厂的占地通常是填埋用地的 $1/20$，是堆肥场用地的 $1/81 \sim 1/10$，大大节省了占地。因此，焚烧技术被认可推广，成为世界（特别是人多地少的发达国家）普遍使用的处理城市垃圾的方法。充分燃烧既可以将垃圾中的微生物和有毒、有害病原体彻底杀死，同时大大降低了垃圾的体积，残渣量一般低于原垃圾量的 $1/5$，也可释放大量的热量，这些热量可以被转化并再次利用。当然，焚烧法也存在缺点，主要有以下三个方面：第一，焚烧要求垃圾要有较高的热值含量，这也限制了其应用范围。第二，垃圾焚烧需要的建设成本和运行成本都比较高，资金运作周期较长，投资也较大。同时，对管理水平和设备维修要求高。第三，存在二次污染的问题。焚烧炉温度达不到要求时，很可能产生二噁英，会对人体和环境造成不可逆转的损害。焚烧产生的废气如果处理不当，排入大气会造成二次污染，应当严格控制处理过程。

堆肥是将垃圾通过人工或机械分选和破碎，把垃圾中的有机物（如菜叶、剩饭、树叶、废纸等）分离出来，然后进行堆肥处理。堆肥处理的优点在于，堆肥处理的产品是农肥，可用于农田调节土壤，增加土壤中的有机物，保护土壤生态，修养地力，增强水土保持能力。如果产品能够达到国家规定的农肥标准，还可上市出售，产生经济效益。另外，工程占地也小于填埋。但高温堆肥的前提是垃圾分类、分选，而如果分类不严格，分选相当困难，往往投入很大，仍不能将有毒、有害的重金属分离干净，如果这些垃圾进入堆肥产品，或处理过程中产生臭气、残渣等，都会造成二次污染。而且，不能堆肥物如塑料、金属、玻璃等仍然需要运走填埋。因此，高温堆肥往往是投入大于收入，难以大规模的采用。近年来，国际上工业规模的混合垃圾堆肥场的建设已基本停止，取而代之的是用于垃圾源头的家庭式小堆肥机。居民在家中将有机物分离出来，既方便、彻底，又省去了混合后分离的麻烦。小堆肥机产出的肥可用于庭院和街区绿地，也可出售。居民分离剩余的无机垃圾可由环卫部门收运走。随着堆肥技术的不断发展，堆肥处理的方式有逐步扩大使用的可能。

此外，对于城市垃圾中的泡沫塑料、电池、电子废弃物等特殊垃圾，人们还开发了许多其他的处理技术（王维平，1999）。

国务院办公厅印发的《"十二五"全国城镇生活垃圾无害化处理设施建设规划》（国办发〔2012〕23 号）特别强调，"生活垃圾处理技术的选择，应本着因地制宜的原则，坚持资源化优先，选择安全可靠、先进环保、省地节能、经济适用的处理技术。东部地区、经济发达地区和土地资源短缺、人口基数大的城市，要减少原生生活垃圾填埋量，优先采用焚烧处理技术；其他具备条件的地区，可通过区域共建共享等方式采用焚烧处理技术。卫生填埋处理技术作为生活垃圾的最终处置方式是每个地区所必须具备的保障手段，在具备卫生填埋场地资源和自然条件适宜的地区，可将卫生填埋作为生活垃圾处理的基本方案。生活垃圾管理水平较高的地区可采用生物处理技术。在充分论证的基础上，鼓励积极开展水泥窑协同处理等技术的试点示范。有条件的地区，宜集成多种处理技术统筹解决生活垃圾处理问题"（国务院办公厅，2012）。此后，越来越多的城市采取了垃圾焚烧的处理方式，并且，从国家的政策导向（2016 年 10 月，住房和城乡建设部、国家发展和改革委员会、国土资源部和环境保护部联合发布的《关于进一步加强城市生活垃圾焚烧处理工作的意见》，进一步明确以焚烧为主要处理方式）和各地政府的选择来看，垃圾焚烧的处理方式将是未来一段时间里大中城市乃至一些小城市的首要选择。

3.2　我国城市垃圾的管理体制及主要的法律、法规

在大多数国家，固体废弃物管理都是市政府的职责，而收集固体废弃物等具体工作则由下级政府机构或自治组织来负责，如城市的区或社区委员会。各个国家在固体废弃物管理方面的国家立法和监管框架都明确规定了各级政府的功能和职责，包括对私营领域服务机构和固体废弃物产生者的要求。通常，中央政府的法律将固体废弃物服务职责下放给地方政府，并设定基本标准，包括职业和环境卫生与安全标准。市政府的法律规定了将要提供的服务规范和对每个固体废弃物产生者的参与要求。城市法律一般对非法的做法进行定义（如乱丢和秘密倾倒），并规

定相关的制裁措施（Hoornweg et al., 2005）。在我国的城市垃圾管理中，各级政府及政府部门同样扮演着主要角色，同时，国家和地方也发布了相应的法律法规与规范性文件。

3.2.1   我国城市垃圾管理体制

2018 年国务院机构改革之前，在国家层面上，我国城市垃圾管理主要由四个部门负责，即国家发展和改革委员会、住房和城乡建设部、环境保护部、商务部。在这些部委的牵头下，各级政府中相应政府机构分别担负着不同的职责。

（1）国家发展和改革委员会及各级政府的发展和改革委员会。国家发展和改革委员会担负的多项职责都与城市垃圾管理相关。这些职责主要包括：①拟订并组织实施国民经济和社会发展战略、中长期规划和年度计划，推进可持续发展战略；②负责节能减排的综合协调工作，组织拟订发展循环经济、全社会能源资源节约和综合利用规划及政策措施并协调实施；③参与编制生态建设、环境保护规划，协调生态建设、能源资源节约和综合利用的重大问题；④对环保产业发展、清洁生产促进、节能减排、应对气候变化等工作进行综合协调负责等。在其负责的区域经济发展、产业规划、生态保护规划、地区经济工程、低碳规划、土地整治规划、PPP 项目等具体工作中，涉及与垃圾处理相关的规划、工程建设、污染防治重大战略规划和政策拟订等方面。国家发展和改革委员会还会同其他部委，共同制定和推行垃圾分类等制度。

（2）住房和城乡建设部及各级政府的建设主管部门。《中华人民共和国固体废物污染环境防治法》第十条第三款规定："国务院建设行政主管部门和县级以上地方人民政府环境卫生行政主管部门负责生活垃圾清扫、收集、贮存、运输和处置的监督管理工作。"《城市市容和环境卫生管理条例》（1992 年）第四条规定："国务院城市建设行政主管部门主管全国城市市容和环境卫生工作。省、自治区人民政府城市建设行政主管部门负责本行政区域的城市市容和环境卫生管理工作。城市人民政府市容环境卫生行政主管部门负责本行政区域的城市市容和环境卫生管理工作。"《城市生活垃圾管理办法》第五条规定："国务院建设主管部门负责全国城市垃圾管理工作。省、自治区人民政府建设主管部门负责本行政区域内城市垃圾管理工作。直辖市、市、县人民政府建设（环境卫生）主管部门负责本行政区域内城市垃圾的管理工作。"从以上法律、法规和规章可知，住房和城乡建设部及各级建设、环卫主管部门担负着研究拟订城市建设的政策、规划并指导实施，以及指导城市市政公用设施的建设、安全管理和应急管理等职能，是城市垃圾管理的主要职能部门。

（3）环境保护部及各级政府的环境保护部门。《中华人民共和国固体废物污染环境防治法》第十条规定："国务院环境保护行政主管部门对全国固体废物污染环境的防治工作实施统一监督管理。国务院有关部门在各自的职责范围内负责固体废物污染环境防治的监督管理工作。"从政府职责规定来看，环境保护部承担从源头上预防、控制环境污染和环境破坏的责任；受国务院委托对重大经济和技术政策、发展规划及重大经济开发计划进行环境影响评价，对涉及环境保护的法律法规草案提出有关环境影响方面的意见，按国家规定审批重大开发建设区域、项目环境影响评价文件；负责环境污染防治的监督管理工作。环境保护部制定水体、大气、土壤、噪声、光、恶臭、固体废弃物、化学品、机动车等的污染防治管理制度并组织实施，会同有关部门监督管理饮用水水源地环境保护工作，组织指导城镇和农村的环境综合整治工作。各级地方政府的环境保护行政管理机构对涉及城市垃圾与城市垃圾处理过程中环境污染的预防和治理、违法查处负责。

（4）商务部及各级政府的商务部门。2003 年，商务部组建时，就被赋予了负责再生资源回收工作的职能。2011 年，国务院办公厅下发《关于建立完整的先进的废旧商品回收体系的意见》（国办发〔2011〕49 号），根据文件精神，2012 年 5 月，经国务院同意，建立了由商务部牵头，国家发展和改革委员会、工业和信息化部、财政部、环境保护部等 22 个部门组成的废旧商品回收体系部际联席会议制度。地方也相应建立了由地方政府商务部门牵头的联席会议制度，指导废旧商品回收体系建设工作。

除上述部门及其系统外，其他机构的工作中也有可能涉及城市垃圾治理。例如，财政部负责审批管理的 PPP 项目就涉及垃圾焚烧等领域。

根据 2018 年的国务院机构改革方案，新组建的生态环境部承担了原环境保护部的职责，以及国家发展和改革委员会承担的应对气候变化和减排职责。国家发展和改革委员会承担的其他与城市垃圾管理的职责没有改变。

可见，我国的政府管理体系形成了由发展规划、专门管理、环境污染防治、再生资源回收利用四方面主管部门组成，多机构共同参与的管理体制，一方面体现了国家对城市生活垃圾治理的重视，另一方面也意味着政府对城市垃圾的管理超越任何一个单一部委的职责范围，因而需要部委之间的通力合作。

3.2.2　我国城市垃圾治理的法律、法规

自 20 世纪 70 年代以来，面对城市垃圾产生量及垃圾污染日益增加的严峻态势，许多国家都对城市垃圾治理对策进行了努力探索，制定了垃圾管理的相关法律。

我国目前的城市固体废弃物的法律制度主要是以《中华人民共和国宪法》为根本，以《中华人民共和国环境保护法》（1989 年 12 月 26 日起施行，2014 年修

订，2015 年 1 月 1 日起施行）、《中华人民共和国固体废物污染环境防治法》（1996年 4 月 1 日起施行，2004 年修订，2005 年 4 月 1 日起施行，2013 年、2015 年、2016 年修正）、《中华人民共和国清洁生产促进法》（2003 年 1 月 1 日起施行，2012年修正，2012 年 7 月 1 日起施行）、《中华人民共和国循环经济促进法》（2009 年 1月 1 日起施行）等为法律主体，辅之以《城市市容和环境卫生管理条例》（国务院1992 年发布）、《城市生活垃圾管理办法》（建设部 2007 年发布）等专门的法规和部门规章。各省区市也结合当地实际情况，颁布了一系列地方性专项法规。

1. 宪法

《中华人民共和国宪法》是我国的根本大法，是一切法律的基础。《中华人民共和国宪法》中虽然没有直接规定城市垃圾处理方面的条款，但其中关于环境保护、土地利用、资源利用等的有关规定和体现出的主导思想都为城市垃圾立法工作提供了最基本的法律依据。例如，《中华人民共和国宪法》第二十六条规定"国家保护和改善生活环境和生态环境，防治污染和其他公害"；第十条规定"一切使用土地的组织和个人必须合理地利用土地"；第十四条规定"国家厉行节约，反对浪费"。

2. 环境保护基本法律

《中华人民共和国环境保护法》是我国环境保护的基本法律。《中华人民共和国环境保护法》对我国环境污染防治做出了原则性规定，是我国城市垃圾处理和污染防治法律体系的重要组成部分。2014 年新修订的《中华人民共和国环境保护法》，创新了立法理念，在第一条将制定本法的目的明确为："为保护和改善环境，防治污染和其他公害，保障公众健康，推进生态文明建设，促进经济社会可持续发展。"该法第四条中规定"国家采取有利于节约和循环利用资源、保护和改善环境、促进人与自然和谐的经济、技术政策和措施，使经济社会发展与环境保护相协调"。该法在第五条中规定"保护优先、预防为主、综合治理、公众参与、损害担责的原则"。该法在第六条中规定"一切单位和个人都有保护环境的义务"，并明确"公民应当增强环境保护意识，采取低碳、节俭的生活方式，自觉履行环境保护义务"。此外，法律还规定，"国家支持环境保护科学技术研究、开发和应用"，"鼓励和支持环境保护技术装备、资源综合利用和环境服务等环境保护产业的发展"。特别值得关注的是，在"保护和改善环境"一章中，新修订的《中华人民共和国环境保护法》增加了第三十六、第三十七和第三十八条，对废弃物管理做出相关规定，包括"国家鼓励和引导公民、法人和其他组织使用有利于保护环境的产品和再生产品，减少废弃物的产生""地方各级人民政府应当采取措施，组织对生活废弃物的分类处置、回收利用""公民应当遵守环境保护法律法规，配合实施环境保护措施，按照规定对生活废弃物进行分类放置，减少日常生活对环境造成的损害"。在资源循环利用方面，《中华人民共和国环境保护法》的第四十条规定"国家促进清洁生产和资源循环利用"。《中华人民共和国环境保护法》还规定了环境影响评价、生态保护补偿、公众参与等制度。所有这些规定，都为其他城市垃圾治理相关的法律法规和规章、政策提供了基本原则。

3. 单行法律

单行法是针对某个特别领域或个别事项进行规定的法律。我国与垃圾管理相关的单行法主要有《中华人民共和国固体废物污染环境防治法》《中华人民共和国清洁生产促进法》和《中华人民共和国循环经济促进法》。2004 年修订的《中华人民共和国固体废物污染环境防治法》立法是"为了防治固体废物污染环境，保障人体健康，维护生态安全，促进经济社会可持续发展"，第一次将"维护生态安全"作为立法的主要原则，明确提出了国家实行循环经济发展，倡导绿色生产、绿色生活、绿色消费，也明确了防治固体废弃物污染的重要地位。《中华人民共和国固体废物污染环境防治法》第三条规定："国家对固体废物污染环境的防治，实行减少固体废物的产生量和危害性、充分合理利用固体废物和无害化处置固体废物的原则，促进清洁生产和循环经济发展。国家采取有利于固体废物综合利用活动的经济、技术政策和措施，对固体废物实行充分回收和合理利用。国家鼓励、支持采取有利于保护环境的集中处置固体废物的措施，促进固体废物污染环境防治产业发展。"《中华人民共和国固体废物污染环境防治法》明确了无害化、充分回收、综合利用、集中处置等固体废物处理的原则。《中华人民共和国固体废物污染环境防治法》对固体废弃物的收集、贮存、运输、利用、处置等行为提出了相关要求，并"禁止任何单位或者个人向江河、湖泊、运河、渠道、水库及其最高水位线以下的滩地和岸坡等法律、法规规定禁止倾倒、堆放废弃物的地点倾倒、堆放固体废物"。《中华人民共和国固体废物污染环境防治法》还强调："产品的生产者、销售者、进口者、使用者对其产生的固体废物依法承担污染防治责任。"其中，"产品和包装物的设计、制造，应当遵守国家有关清洁生产的规定"；"防止过度包装造成环境污染"。《中华人民共和国固体废物污染环境防治法》第三章第三节专门规定了"生活垃圾污染环境的防治"条款，包括"组织净菜进城，减少城市生活垃圾""促进生活垃圾的回收利用工作""无害化处置""生活垃圾清扫、收集、贮存、运输和处置"等相关规定。

《中华人民共和国清洁生产促进法》规定了促进清洁生产、提高资源利用效率、减少和避免污染物的产生等原则，以求"从源头削减污染，提高资源利用效率，减少或者避免生产、服务和产品使用过程中污染物的产生和排放，以减轻或者消除对人类健康和环境的危害"。《中华人民共和国清洁生产促进法》第二十条规定"产品和包装物的设计，应当考虑其在生命周期中对人类健康和环境的影响，优先选择无毒、无害、易于降解或者便于回收利用的方案""企业对产品的包装应当合理，包装的材质、结构和成本应当与内装产品的质量、规格和成本相适应，减少包装性废物的产生，不得进行过度包装"。这对城市垃圾源头减量具有重要的意义。

《中华人民共和国循环经济促进法》规定，"本法所称循环经济，是指在生产、流通和消费等过程中进行的减量化、再利用、资源化活动的总称"。其中，"减量化，是指在生产、流通和消费等过程中减少资源消耗和废物产生""再利用，是指将废物直接作为产品或者经修复、翻新、再制造后继续作为产品使用，或者将废物的全部或者部分作为其他产品的部件予以使用""资源化，是指将废物直接作为原料进行利用或者对废物进行再生利用"。《中华人民共和国循环经济促进法》规定，"企业事业单位应当建立健全管理制度，采取措施，降低资源消耗，减少废物的产生量和排放量，提高废物的再利用和资源化水平""公民应当增强节约资源和保护环境意识，合理消费，节约资源。国家鼓励和引导公民使用节能、节水、节材和有利于保护环境的产品及再生产品，减少废物的产生量和排放量"。其中，该法第四十一条更是明确规定，"县级以上人民政府应当统筹规划建设城乡生活垃圾分类收集和资源化利用设施，建立和完善分类收集和资源化利用体系，提高生活垃圾资源化率"。

4. 行政法规和规章

我国与城市垃圾管理相关的行政法规主要有国务院颁布的《城市市容和环境卫生管理条例》（1992 年 8 月 1 日起施行，2011 年 1 月、2017 年 3 月两次修正）和《废弃电器电子产品回收处理管理条例》（2011 年 1 月 1 日起施行）等。《城市市容和环境卫生管理条例》主要对城市市容管理、保洁、公共厕所规划建设等进行了规定，其中，要求"一切单位和个人，都应当依照城市人民政府市容环境卫生行政主管部门规定的时间、地点、方式，倾倒垃圾、粪便。对垃圾、粪便应当及时清运，并逐步做到垃圾、粪便的无害化处理和综合利用。对城市生活废弃物应当逐步做到分类收集、运输和处理"。《废弃电器电子产品回收处理管理条例》则针对废弃电器电子产品的回收处理做出专门规定。建设部2007 年发布的《城市生活垃圾管理办法》对城市生活垃圾的清扫、收集、运输、处置及相关管理活动进行了全面规定，是关于城市生活垃圾管理的最基本和最主要的部门规章。《城市生活垃圾管理办法》规定，城市生活垃圾治理的原则是"减量化、资源化、无害化和谁产生、谁依法负责""国家采取有利于城市生活垃圾综合利用的经济、技术政策和措施，提高城市生活垃圾治理的科学技术水平，鼓励对城市生活垃圾实行充分回收和合理利用"。此外，《城市生活垃圾管理办法》还规定"产生城市生活垃圾的单位和个人,应当按照城市人民政府确定的生活垃圾处理费收费标准和有关规定缴纳城市生活垃圾处理费"等。

5. 地方性法规与政府规章

目前,我国许多城市都颁布了关于城市垃圾处理的地方性法规,如《北京市生活垃圾管理条例》《杭州市生活垃圾管理条例》《上海市市容环境卫生管理条例》等。值得注意的是,随着垃圾分类受到越来越多的重视,一些大城市关于垃圾管理的政府规章多与垃圾分类相关,如《南京市生活垃圾分类管理办法》《深圳市生活垃圾分类和减量管理办法》等。这些地方性法规、规章,为各地因地制宜地实施城市垃圾管理提供了更为详细的依据。

从我国相关法律法规和规章的发展历史来看,几部主要的法律都在近几年进行了全面修订或部分修正。这一方面说明了我国相关法律法规要根据社会经济的发展状况进行修订,另一方面也体现了我国对垃圾问题的认识在不断提高。放眼世界,从不同历史时期各国法律的名称、内容与目标来看,城市垃圾法律的制定和修订体现了人们对城市垃圾问题的认识不断更新。

20 世纪 70 年代初期～80 年代初期,全球垃圾对策关注点是末端垃圾处理问题,因而各国的法律也以垃圾处理法为特征。例如,日本 1970 年就制定了《关于废弃物处理和清扫的法律》,德国 1972 年通过了第一部《废弃物处理法》。20 世纪 80 年代中期～90 年代中期,人们已经意识到只重视末端处理是难以解决问题的,垃圾对策的关注点开始部分转移到前端垃圾减量措施上,法律的名称和内容也发生了相应变化。例如,德国在 1986 年修订了 1972 年版的《废弃物处理法》,并将其改名为《废弃物避免及处理法》,日本 1991 年则制定《资源回收法》,该法案旨在积极推动铝铁罐、玻璃瓶和废纸等的回收。同年,日本还大幅修订了《关于废弃物处理和清扫的法律》,该修订法改变了立法重点,将以公害防治处理为重改变为以垃圾减量措施为重。进入 20 世纪 90 年代,垃圾对策关注重点进一步转移到前端垃圾和潜在垃圾减量的全过程控制对策上,这样就基本形成了"循环经济垃圾法"的特征。资源利用模式也由原料—产品—废弃物单向运行进一步转变为原料—产品—原料循环运行。这方面的例子有 1994 年德国通过新的《物质封闭循环与废弃物管理法》,并于 1996 年生效;日本于 1995 年颁布了《容器包装循环利用法》,1997 年正式实施(王维平和吴玉萍,2001;王文英,2012;赵海博,2018)。

尽管我国涉及城市垃圾处理的法律法规正在不断得以完善,但总体来看,仍然缺少整体性、系统性、协调性和可操作性(王凤远,2007),执行力度也不够。

3.3　我国城市垃圾治理面临的主要问题和公众参与的意义

3.3.1　当前我国城市垃圾治理面临的主要问题

虽然城市垃圾治理在我国得到了越来越多的重视，但目前仍然面临着一些问题，主要有以下几点。

第一，垃圾产生量大而源头减量甚微。随着人口的增长，我国已经逐渐变成最大的固体废弃物产生国。世界银行的报告指出，2004 年，仅我国的城市地区就产生了大约 1.9 亿吨城市固体废弃物，到 2030 年，该数量预计增长为至少 4.8 亿吨。还从未有哪一个国家的固体废弃物有如此巨大的增加，或固体废弃物增加的速度如此之迅猛。因此，我国固体废弃物规划者面临的最重要的问题就是降低固体废弃物产生量的增长率。表 3-4 说明了城市地区固体废弃物产生量的三种情形（Hoornweg et al., 2005）。根据经济合作与发展组织（Organisation for Economic Co-operation and Development，OECD）和其他亚洲国家的经验，固体废弃物产生量存在很大的变化范围（50%的变化）是有可能的（Hoornweg et al., 2005）。但是，我国在减少固体废弃物方面所做的工作却很少，法律中早已规定的防止过度包装等要求执行效果并不理想。

表 3-4　根据我国城市人口预测的城市固体废弃物产生量

产生年份	预测的城市人口/万	低废弃物产生		预期废弃物增长		高废弃物产生	
		产生率/[千克/(人·天)]	城市固体废弃物产生量/吨	产生率/[千克/(人·天)]	城市固体废弃物产生量/吨	产生率/[千克/(人·天)]	城市固体废弃物产生量/吨
2000	45 634.0	0.90	149 907 690	0.90	149 907 690	0.90	149 907 690
2005	53 595.8	0.95	185 843 437	1.00	195 624 670	1.10	215 187 137
2010	61 734.8	1.00	225 332 020	1.10	247 865 222	1.30	292 931 626
2015	69 807.7	1.05	267 538 101	1.20	305 757 726	1.50	382 197 158
2020	77 186.1	1.10	309 902 192	1.30	366 248 045	1.60	450 766 824
2025	83 429.5	1.15	350 195 326	1.40	426 324 745	1.70	517 680 048
2030	88 342.1	1.20	386 938 398	1.50	483 672 998	1.80	580 407 597

资料来源：Hoornweg 等（2005）

第二，日益成为主要处理方式的垃圾焚烧面临着来自社会的巨大争议。城市垃圾产生量大与土地不足的矛盾日益突出，焚烧似乎成为最好的选择。但是，在我国，垃圾焚烧的处理方式争议非常大。支持垃圾焚烧者和反对垃圾焚烧者各持已见，针锋相对。支持垃圾焚烧的论点主要是：垃圾已经无处填埋，垃圾堆肥占地也不小，且容易造成二次污染，而垃圾焚烧减量效果显著，且焚烧技术已日益成熟，只要管控好，二噁英等污染问题是可控的，因此垃圾焚烧是城市垃圾处理最好的，甚至是唯一的出路。反对垃圾焚烧的论点主要是：中国的垃圾是混合垃圾，餐厨垃圾比重太大，不好烧；目前的技术还无法解决焚烧产生的剧毒物质二噁英的污染问题；除了焚烧，还有其他的方式可以选择，应加快垃圾分类，大量减少垃圾产量；等等。

而这些争议并没有随着各地垃圾焚烧发电项目的纷纷上马而停止或减缓。在垃圾焚烧处理厂选址和运营引发的社会冲突中，这些争议被不断地强化，在某种程度上，"烧与不烧"的争议和针对垃圾处理设施选址的邻避运动形成了恶性循环。

第三，垃圾处理设施选址困难，频频遭遇邻避冲突，被迫延缓或放弃（详见第 8 章）。

第四，作为减少垃圾终端处理量和垃圾焚烧的前提，垃圾分类推广不顺利（详见第 6 章）。

第五，作为资源属性和污染属性都较强的特殊的生活垃圾，电子废弃物的回收处理仍然不够全面和规范（详见第 7 章）。

3.3.2　公众参与城市垃圾治理的意义

从我国城市垃圾治理面临的问题和世界范围的经验来看，公众参与在城市垃圾治理中的重要意义有以下几点。

第一，参与垃圾治理既是公众的义务，也是公众的权利。在城市中，人人都是城市垃圾的制造者，人人都对垃圾污染负有责任；同时，人人都是城市的主人，都有权利参与城市垃圾的治理。

第二，公众参与不但有利于提高垃圾政策的科学化和可行性，而且有利于促进垃圾源头减量，有利于与垃圾相关的公共设施的顺利建设，从长远来看，有利于城市经济的管理和可持续发展。

第三，公众参与有利于城市"垃圾文化"的建设。更好的垃圾管理需要人们改变对垃圾的认知，进而改变与垃圾相关的行为习惯，建立和发展垃圾文化。

第四，没有公众的积极参与，一些与垃圾治理相关的工作将寸步难行。最典型的就是垃圾源头分类。

第五，公众参与城市垃圾治理也是公众参与的重要实践。我国民众权利意识的逐渐觉醒和一群理性成熟且富有公民意识的民众群体的渐渐崛起，给政府的执政智慧和能力带来全面的考验（汤涌，2010）。通过城市垃圾治理领域中的公众参与实践，政府和公民都将得到锻炼与成长，这对我国公众参与的总体推进具有重要的示范意义。

由于公众参与在城市垃圾治理中的意义十分重大，必须充分研究和努力推动。

第4章 我国城市垃圾治理公众参与的制度、主体及参与方式

2005 年以来，随着我国环境保护公众参与制度的发展，与城市垃圾治理相关的参与制度也逐步建立，为我国的城市垃圾治理的参与主体——个体公众、企业和社会组织以各种方式进行参与提供了制度支持与保证。同时，公众参与制度还亟待进一步完善。

4.1 我国城市垃圾治理公众参与的相关制度

在我国，与城市垃圾治理公众参与相关的制度主要是环境保护公众参与制度、固体废弃物管理中的公众参与制度和城市规划公众参与制度。

4.1.1 环境保护公众参与制度

2005 年的"圆明园整治工程环境影响听证会"被认为是我国环境保护公众参与的标志性事件。在那之后，我国政府更积极地探索和推动环境保护中的公众参与，多个法律法规、部门规章和规范性文件也陆续出台，这些文件对公众参与环境保护做出了明确规定。从地方层面来看，山西、河北、沈阳和昆明等地也相继制定了与环境保护公众参与有关的条例或法规，详细规定了本省或本市公众参与的形式、范围、内容、程序等，从而使得公众参与更加制度化、规范化和理性化（环境保护部，2015b）。在国家层面上，主要的制度规定如下。

《中华人民共和国环境影响评价法》（2003 年 9 月 1 日起施行）中涉及公众参与的规定主要有三条，即第五条"国家鼓励有关单位、专家和公众以适当方式参与环境影响评价"，第十一条"专项规划的编制机关对可能造成不良环境影响并直接涉及公众环境权益的规划，应当在该规划草案报送审批前，举行论证会、听证

会，或者采取其他形式，征求有关单位、专家和公众对环境影响报告书草案的意见。但是，国家规定需要保密的情形除外。编制机关应当认真考虑有关单位、专家和公众对环境影响报告书草案的意见，并应当在报送审查的环境影响报告书中附具对意见采纳或者不采纳的说明"和第二十一条"除国家规定需要保密的情形外，对环境可能造成重大影响、应当编制环境影响报告书的建设项目，建设单位应当在报批建设项目环境影响报告书前，举行论证会、听证会，或者采取其他形式，征求有关单位、专家和公众的意见。建设单位报批的环境影响报告书应当附具对有关单位、专家和公众的意见采纳或者不采纳的说明"。上述规定比较简略，主要是原则性的表述。为推进和规范环境影响评价活动中的公众参与，增强可操作性，2006 年 2 月，国家环保总局发布了《环境影响评价公众参与暂行办法》(2006 年 3 月 18 日起施行)。《环境影响评价公众参与暂行办法》明确了公众参与环境影响评价实行"公开、平等、广泛和便利的原则"，规定了公众参与的一般要求包括公开环境信息和征求公众意见，公众参与的组织形式包括调查公众意见和咨询专家意见、座谈会和论证会、听证会。《环境影响评价公众参与暂行办法》明确了《环境影响评价技术导则　公众参与》是公众参与环境影响评价的技术性规范①。《环境影响评价公众参与暂行办法》是我国第一部环境保护公众参与的规范性文件，是我国环境保护公众参与的一个重要的里程碑。此外，2007 年 4 月，国家环境保护总局发布了《环境信息公开办法（试行）》(2008 年 5 月 1 日起施行)，重点规定了企业环境信息和政府环境信息公开制度，从制度上为公众参与的顺利进行提供了保障。

除建设项目环境影响评价中的公众参与制度规定外，为从决策源头预防环境污染和生态破坏，国务院还出台了《规划环境影响评价条例》(2009 年 10 月 1 日起施行)及《规划环境影响评价技术导则　总纲》(HJ 130—2014，2014 年 9 月 1 日起实施)。《规划环境影响评价条例》规定了"规划编制机关对可能造成不良环

---

①　2011 年 1 月 30 日，环境保护部发出关于征求国家环境保护标准《环境影响评价技术导则　公众参与》（征求意见稿）意见的函（环办函〔2011〕125 号），就《环境影响评价技术导则　公众参与》（征求意见稿）向各有关单位征求意见。但该技术导则至今尚未正式发布。《环境影响评价技术导则　总纲》（HJ 2.1—2011）中专设了公众参与一节，规定了全过程参与；同时规定了充分注意参与公众的广泛性和代表性，参与对象应包括可能受到建设项目直接影响和间接影响的有关企事业单位、社会团体、NGO、居民、专家和公众等；参与方法则可根据实际需要和具体条件，采取包括问卷调查、座谈会、论证会、听证会及其他形式在内的一种或者多种形式，征求有关团体、专家和公众的意见；强调公众参与要在公众知情的情况下开展，应告知公众建设项目的有关信息包括建设项目概况、主要的环境影响、影响范围和程度、预计的环境风险和后果，以及拟采取的主要对策措施和效果等；按"有关团体、专家、公众"对所有的反馈意见进行归类与统计分析并在归类分析的基础上进行综合评述，对每一类意见均应进行认真分析、回答采纳或不采纳并说明理由。2016 年，《环境影响评价技术导则　总纲》进行了修订，更名为《建设项目环境影响评价技术导则　总纲》（HJ 2.1—2016，2017 年 1 月 1 日起实施），规定在环境影响评价工作程序中，将公众参与和环境影响评价文件编制工作分离，除了要求在"环境影响评价结论"中要对建设项目的公众意见采纳情况进行概括总结外，没有其他关于公众参与的规定。

境影响并直接涉及公众环境权益的专项规划，应当在规划草案报送审批前，采取调查问卷、座谈会、论证会、听证会等形式，公开征求有关单位、专家和公众对环境影响报告书的意见""有关单位、专家和公众的意见与环境影响评价结论有重大分歧的，规划编制机关应当采取论证会、听证会等形式进一步论证""规划编制机关应当在报送审查的环境影响报告书中附具对公众意见采纳与不采纳情况及其理由的说明""规划编制机关对规划环境影响进行跟踪评价，应当采取调查问卷、现场走访、座谈会等形式征求有关单位、专家和公众的意见""任何单位和个人对违反本条例规定的行为或者对规划实施过程中产生的重大不良环境影响，有权向规划审批机关、规划编制机关或者环境保护主管部门举报"等公众参与的权利，并列举了参与的基本形式。《规划环境影响评价技术导则 总纲》则对公开的环境影响报告书的内容、参与形式、参与对象等进行了进一步的规定如"公众参与可采取调查问卷、座谈会、论证会、听证会等形式进行。对于政策性、宏观性较强的规划，参与的人员可以规划涉及的部门代表和专家为主；对于内容较为具体的开发建设类规划，参与的人员还应包括直接环境利益相关群体的代表"。

2014 年新修订的《中华人民共和国环境保护法》增加了"信息公开和公众参与"相关内容：第五十三条规定"公民、法人和其他组织依法享有获取环境信息、参与和监督环境保护的权利。各级人民政府环境保护主管部门和其他负有环境保护监督管理职责的部门，应当依法公开环境信息、完善公众参与程序，为公民、法人和其他组织参与和监督环境保护提供便利"；第五十五条规定"重点排污单位应当如实向社会公开其主要污染物的名称、排放方式、排放浓度和总量、超标排放情况，以及防治污染设施的建设和运行情况，接受社会监督"；第五十六条规定"对依法应当编制环境影响报告书的建设项目，建设单位应当在编制时向可能受影响的公众说明情况，充分征求意见。负责审批建设项目环境影响评价文件的部门在收到建设项目环境影响报告书后，除涉及国家秘密和商业秘密的事项外，应当全文公开；发现建设项目未充分征求公众意见的，应当责成建设单位征求公众意见"；第五十七条规定"公民、法人和其他组织发现任何单位和个人有污染环境和破坏生态行为的，有权向环境保护主管部门或者其他负有环境保护监督管理职责的部门举报。公民、法人和其他组织发现地方各级人民政府、县级以上人民政府环境保护主管部门和其他负有环境保护监督管理职责的部门不依法履行职责的，有权向其上级机关或者监察机关举报"；第五十八条还对社会组织提起公益诉讼的权利进行了规定，"对污染环境、破坏生态，损害社会公共利益的行为，符合下列条件的社会组织可以向人民法院提起诉讼：依法在设区的市级以上人民政府民政部门登记；专门从事环境保护公益活动连续五年以上且无违法记录"。

2015 年 7 月颁布的《环境保护公众参与办法》（环境保护部令第 35 号，2015

年 9 月 1 日起施行）是新修订的《中华人民共和国环境保护法》的重要配套细则。《环境保护公众参与办法》在起草过程中就贯彻了公众参与、民主决策的原则，听取了专业人士和普通公众等社会各界的意见建议。《环境保护公众参与办法》的立法依据是新修订的《中华人民共和国环境保护法》，同时吸收了《中华人民共和国环境影响评价法》《环境影响评价公众参与暂行办法》《环境保护行政许可听证暂行办法》等法律法规中的有关规定，梳理并参考了环境保护部（现已更名为生态环境部）已经出台的有关文件和指导意见，也借鉴了部分省区市出台的有关法规、规章，从而较好地反映了我国环境保护工作中公众参与的现状，使得制定的各项内容切合实际并具有较强的可操作性。《环境保护公众参与办法》强调"依法、有序、自愿、便利"的公众参与原则；明确规定了环境保护主管部门可以通过征求意见、问卷调查，组织召开座谈会、专家论证会、听证会等方式开展公众参与环境保护活动，并对各种公众参与方式做了十分详细的规定。《环境保护公众参与办法》强调，环境保护主管部门支持和鼓励公众对环境保护公共事务进行舆论监督与社会监督，规定了公众对污染环境和破坏生态行为的举报途径，而对于地方政府和环境保护主管部门不依法履行职责的情况，公民、法人和其他组织有权向其上级机关或监察机关举报。《环境保护公众参与办法》还要求接受举报的环境保护主管部门要保护举报人的合法权益，及时调查情况并将处理结果告知举报人，并鼓励设立有奖举报专项资金。在保障措施方面，《环境保护公众参与办法》强调环境保护主管部门有义务加强宣传教育工作，动员公众积极参与环境事务，鼓励公众自觉践行绿色生活，树立尊重自然、顺应自然、保护自然的生态文明理念，形成共同保护环境的社会风尚。《环境保护公众参与办法》还提出，环境保护主管部门可以对环保社会组织依法提起环境公益诉讼的行为予以支持，可以通过项目资助、购买服务等方式，支持、引导社会组织参与环境保护活动，广泛凝聚社会力量，最大限度地形成治理环境污染和保护生态环境的合力。

在社会组织参与方面，主要的规章是《关于培育引导环保社会组织有序发展的指导意见》，由环境保护部于 2010 年制定。《关于培育引导环保社会组织有序发展的指导意见》提出了"积极培育与扶持环保社会组织健康、有序发展，促进各级环保部门与环保社会组织的良性互动，发挥环保社会组织在环境保护事业中的作用"的总体目标；同时提出了"积极扶持，加快发展""加强沟通，深化合作""依法管理，规范引导"的基本原则；并指出"加强政策扶持力度，改善环保社会组织发展的外部环境""加强能力建设，引导环保社会组织健康、有序发展"。2017 年 1 月，根据中共中央办公厅、国务院办公厅印发的《关于改革社会组织管理制度促进社会组织健康有序发展的意见》，环境保护部和民政部联合印发了《关于加强对环保社会组织引导发展和规范管理的指导意见》，以指导各级环保部门、民政部门加强对环保社会组织引导发展和规范管理。《关于加强对环保社会组织引导发展和规范管理的指导意见》对"环保社会组织在提升公众环保意识、促进公众参与环保、开展环境维权与法律援助、参与环保政策制定与实施、监督企业环境行为、促进环境保护国际交流与合作等方面"做出的贡献进行了肯定，也指出了由于法规制度建设滞后、管理体制不健全、培育引导力度不够、社会组织自身建设不足等原因，环保社会组织依然存在管理缺乏规范、质量参差不齐、作用发挥有待提高等问题，与我国建设生态文明和绿色发展的要求相比还有较大差距。《关于加强对环保社会组织引导发展和规范管理的指导意见》还指出，一些地方和部门对环保社会组织的认识需要转变。《关于加强对环保社会组织引导发展和规范管理的指导意见》提出了四项主要任务，即做好环保社会组织登记审查、完善环保社会组织扶持政策、加强环保社会组织规范管理、推进环保社会组织自身能力建设，同时明确了环保部门、民政部门的职责。《关于加强对环保社会组织引导发展和规范管理的指导意见》提出，"到 2020 年，在全国范围内建立健全环保社会组织有序参与环保事务的管理体制，基本建立政社分开、权责明确、依法自治的社会组织制度，基本形成与绿色发展战略相适应的定位准确、功能完善、充满活力、有序发展、诚信自律的环保社会组织发展格局"。《关于加强对环保社会组织引导发展和规范管理的指导意见》出台是为了加大对环保社会组织的扶持力度和规范管理，进一步发挥环保社会组织的号召力和影响力，使其成为环保工作的同盟军和生力军，推动形成多元共治的环境治理格局。

4.1.2　固体废弃物管理中的公众参与制度

在《中华人民共和国固体废物污染环境防治法》中，没有专门的关于公众参与的规定。涉及企业和个人的条款，多是鼓励、义务、禁止性规定和检举控告的权利。例如，"国家鼓励单位和个人购买、使用再生产品和可重复利用产品""各级人民政府对在固体废物污染环境防治工作以及相关的综合利用活动中作出显著成绩的单位和个人给予奖励""任何单位和个人都有保护环境的义务，并有权对造成固体废物污染环境的单位和个人进行检举和控告""产生固体废物的单位和个人，应当采取措施，防止或者减少固体废物对环境的污染"等。

《城市生活垃圾管理办法》中规定"制定城市生活垃圾治理规划，应当广泛征求公众意见"。除进行检举和控告权利外，其余都是义务规范，如按照城市人民政府确定的城市垃圾处理费收费标准和有关规定缴纳城市垃圾处理费；按照规定的地点、时间等要求，将城市垃圾投放到指定的垃圾容器或者收集场所；废旧家具等大件垃圾应当按规定时间投放在指定的收集场所；城市垃圾实行分类收集的地区，按照规定的分类要求，将城市垃圾装入相应的垃圾袋内，投入指定的垃圾容器或者收集场所；等等。

4.1.3　城市规划公众参与制度

在改革开放初期，城市规划还仅被认为是城市发展的技术方案，但随着改革开放的不断深入，城市规划的政治性和公共政策意蕴越来越凸显，特别是 2005 年 12 月 31 日发布的《城市规划编制办法》（中华人民共和国建设部令第 146 号）明确提出"城市规划是政府调控城市空间资源、指导城乡发展与建设、维护社会公平、保障公共安全和公众利益的重要公共政策之一"。显然，将城市规划定位为公共政策之一，必然要求公众参与作为城市规划的重要理念。2008 年 1 月 1 日开始实施的《中华人民共和国城乡规划法》是我国城市规划的核心法律，确立了我国城市规划中公众参与的基本内容。法律所称的城市规划分为总体规划和详细规划，详细规划分为控制性详细规划和修建性详细规划。该法涉及公众参与的主要有如下规定。

1. 关于城乡规划公开和监督的规定

《中华人民共和国城乡规划法》第八条中规定"城乡规划组织编制机关应当及时公布经依法批准的城乡规划"；第九条中规定"任何单位和个人都有权向城乡规划主管部门或者其他有关部门举报或者控告违反城乡规划的行为""城乡规划主管部门或者其他有关部门对举报或者控告，应当及时受理并组织核查、处理"；第五十二条中规定"地方各级人民政府应当向本级人民代表大会常务委员会或者乡、镇人民代表大会报告城乡规划的实施情况，并接受监督"。

2. 关于城乡规划制定中公众参与的规定

《中华人民共和国城乡规划法》第十六条中对各级人民代表大会在城乡规划编制中的作用进行了规定；第二十六条中规定"城乡规划报送审批前，组织编制机关应当依法将城乡规划草案予以公告，并采取论证会、听证会或者其他方式征求专家和公众的意见""公告的时间不得少于三十日""组织编制机关应当充分考虑专家和公众的意见，并在报送审批的材料中附具意见采纳情况及理由"；第二十七条中规定"省域城镇体系规划、城市总体规划、镇总体规划批准前，审批机关应当组织专家和有关部门进行审查"。

3. 关于城乡规划实施中公众参与的规定

《中华人民共和国城乡规划法》第四十条中规定"城市、县人民政府城乡规划主管部门或者省、自治区、直辖市人民政府确定的镇人民政府应当依法将经审定的修建性详细规划、建设工程设计方案的总平面图予以公布"。

4. 关于城乡规划修改中公众参与的规定

《中华人民共和国城乡规划法》第四十六条中规定"省域城镇体系规划、城市总体规划、镇总体规划的组织编制机关，应当组织有关部门和专家定期对规划实施情况进行评估，并采取论证会、听证会或者其他方式征求公众意见""组织编制机关应当向本级人民代表大会常务委员会、镇人民代表大会和原审批机关提出评估报告并附具征求意见的情况"；第四十八条中规定"修改控制性详细规划的，组织编制机关应当对修改的必要性进行论证，征求规划地段内利害关系人的意见，并向原审批机关提出专题报告，经原审批机关同意后，方可编制修改方案"；第五十条中规定"经依法审定的修建性详细规划、建设工程设计方案的总平面图不得随意修改；确需修改的，城乡规划主管部门应当采取听证会等形式，听取利害关系人的意见"。

城市规划的公众参与，有利于提高城市规划的合法性、科学性、公正性，有利于促进城市规划的有效实施。城市规划既是一门跨越社会科学和自然科学的综合性科学，又是一项具有很强综合性的政府职能，更是一项与公众切身利益密切相关的政府决策。城市规划有着很强的专业性，但是这种专业性的出发点和落脚点是公众的利益，城市规划关系到公众在日常工作、生活中的实际感受。有效的公众参与，可以弥补城市规划部门在价值选择方面的不足，公众通过明确表达自己的意愿和要求，可促使规划决策者更好地进行利益平衡和价值选择。有效的公众参与，不仅可以使决策者获得真实的公众意愿，提高城市规划的合法性，而且有利于深化公众对城市规划的理解，增进公众配合的意愿，及时发现和消除城市规划在实施过程中的障碍，保证城市规划的顺利实施。

事实上，在垃圾问题引发的群体性事件中，大多是与城市垃圾处理设施的建设规划相关。如果能够严格遵循城市规划中的公众参与制度，在规划阶段就将公众纳入到决策程序中，就可以尽可能地在建设之前就达成共识，减少冲突。

4.1.4　公众参与制度建设中存在的问题及其影响

综上所述，在我国与环境保护、城市规划、垃圾治理相关的法律、法规、规章和规范性文件中，有一些与城市垃圾治理中的公众参与有关的规定，这些规定为我国城市垃圾治理中的公众参与提供了基本的制度性保障，也推动了公众参与的实践。尤其是近 10 年来，公众参与制度不断加强，一些规定的可操作性也越来越强。

不过，总体而言，我国相关的法律和制度对公众参与的规定大多还是原则性的、宏观的，不够充分和具体，存在参与程序不规范、不科学的情况，可执行性仍然不够，公众参与的有效性不高。自然之友在其报告《中国生活垃圾管理：问题与建议》中，举了北京市的例子：北京市"十一五"规划中提出了要"建立环境卫生社会公众评价体系，搭建并拓宽与公众交流的信息平台"，但并没有说明这是一个什么样的信息平台，也没有给出相关工作的时间表，因此不具可操作性。而在实际工作中，北京市政部门虽面向公众开展了垃圾分类宣传活动，还开放了一些垃圾处理设施供市民参观，但在决策和规划阶段，公众参与的空间仍然不足；其形式仅局限于通过发布征求意见稿向公众征求意见，且征求到的意见如何处理往往不得而知①。

公众参与制度建设与政府对引导公众参与的积极性、公众参与的动力往往相互影响——制度建设的不完善，导致我国政府部门引导公众参与的积极性和公众参与的动力均不足，而参与动力不足，又影响着公众参与制度完善的步伐。一方面，由于制度规定实际操作困难或约束力较弱，或认为公众参与没有作用，或担心公众参与会影响政府的决策效率，相当多的政府官员并不支持公众参与，尤其是涉及规划、决策阶段的普通公众的参与（刘选会，2012）。另一方面，对普通公众来说，并不是在任何情况下都愿意费时费力地参与公共政策制定，或者参与如垃圾分类等政策的执行。只有当公众"在意识到公共生活与自己的利益直接相关，或者以为自己有必要表达个人诉求的情况下"（孙晓春，2013）（如规划建设的垃圾焚烧厂项目周围的居民）才会积极参与。而参与制度的不完善，以及政府对待公众参与的态度，助推了公民以非制度化的方式——"散步"、和平或暴力抵制等——进行参与的动力，而缺乏以制度途径参与的动力。

非制度性参与虽然也能够维护公众利益，起到对制度性参与的补充作用，但其破坏性可能更为明显。以邻避运动为代表的具有冲突性的非制度化参与就具有很大的破坏性：这些抗议活动和群体性事件，不但影响了社会秩序，而且使垃圾处理设施污名化影响被扩大，公众对政府和企业的信任度降低，导致垃圾设施在城市的建设越来越难。当然，这种破坏性也会倒逼政府和公众进行反思，从而使非制度性参与逐渐走向制度性参与。

典型的例子是 2009 年北京公众反对建设阿苏卫垃圾焚烧发电厂事件。在冲突发生之后，政府及时采取了召开听证会等补救性的公众参与措施，而参与抵制的公众也及时进行了反思——在该事件中，居民认识到，聚众抵制不是解决问题的方法，把自己变成参政者或和政府互动也许是更好的做法。于是，他们决定好好准备一份材料，至少让自己达到能与支持建设焚烧厂的专家对峙的水平。经过共同努力，这份志愿者调研报告最终定名为《中国城市环境的生死抉择——垃圾焚烧政策与公众意愿》。该报告从 1.0 版本开始不断添加新内容，到 4.1 版本时，已经形成一份具有近 4 万字、83 个图表、47 个尾注和 1 个视频链接的报告。该报告指出了混合垃圾焚烧可能造成的危害，并提出了一套垃圾处理方案。这份报告被他们转发给一切可能起作用的人——政府官员、专家学者、两会的代表委员。尽管这一处理方案被一些主张垃圾焚烧的专家批评为"乌托邦"（汤涌，2010），但这次尝试表明，普通公众在非制度性参与中得到了教育和成长，开始自觉走向制度性参与。

---

① 中国生活垃圾管理: 问题与建议. http://www.doc88.com/p-7913354223162.html[2015-03-15].

4.2　我国公众参与城市垃圾治理的主体、方式及问题

我国公众参与城市垃圾治理的主体，主要有个体公众、企业和社会组织。他们以各自不同的方式进行参与，发挥着各自的作用，同时也面临着一些问题。

4.2.1　个体公众的参与

个体公众，是指参与城市垃圾治理的个人。具体的参与主体和参与形式主要有以下几个方面。

1. 普通居民

城市中的普通居民，一般通过垃圾定点投放、缴纳垃圾处理费的方式参与城市垃圾治理。在实行垃圾分类的城市或社区，对垃圾进行分类后投放。此外，普通居民还可以在涉及垃圾设施的城市规划意见征集中发表意见，对城市环境卫生、垃圾管理状况进行监督和举报等方式进行参与。目前，普通居民参与的问题主要有：政府与居民参与相关的政策不完善，居民在一些规划和政策制定中参与不充分或根本没有参与；在垃圾减量、垃圾分类等方面，居民自身没有承担起足够的责任等。在对 J 市 1006 位居民进行的问卷调查中，笔者发现，在对我国城市垃圾问题严重性程度的认识问题上，29.5%的受访者选择了"非常严重"，52.1%的人选择了"严重"，选择"不严重"的只有 3.1%，说明大多数居民认为城市垃圾问题是严重的。同时，超过三成居民认为，城市垃圾治理存在问题的原因与政府有关，包括政府不作为、政府没有好的治理办法等，建议政府加大投入、加大宣传力度、加强监管；同时，有超过一成的意见提到了公众参与不足，应该加强公众参与、专家参与等。由此可见，我国城市居民中，认为政府应该为垃圾治理负主要责任的占多数，同时我国城市居民也开始意识到自身参与的责任，但认识、行动都还远远不够。

2. 专家学者

专家学者主要包括来自垃圾处理技术领域、城市规划领域和公共管理及公共政策研究领域的专家学者，他们利用自己的学术专长，通过发表论文，或者在媒体或个人博客、微博、微信公众号上公开发表言论和意见，或者参与政府部门的政策咨询会，为城市垃圾治理提供决策参考，释疑解惑，甚至引导舆论。近年来，国内学者针对城市垃圾治理问题的学术研究论文总体呈上升趋势，说明这个问题所

受到的学术关注日益增加（图 4-1），而且除环境科学与资源利用学科之外，还有很多学科的研究都在关注这一问题（图 4-2）。而随着垃圾议题的社会关注度越来越高，垃圾问题专家学者出现在媒体和公众面前的机会也越来越多，赵章元、王维平、张益、徐海云、聂永丰、熊孟清等都成为了"明星专家"，虽然他们的观点可能不同，但对深化公众对城市垃圾问题的关注和认识及对政府决策等起到了非常大的作用，在政府部门和公众难以直接沟通的情况下，专家学者还可以充当"中间人"的角色，如在北京奥北社区居民反对阿苏卫垃圾焚烧发电厂建设项目过程中，北京市人大代表、北京市人民政府参事、垃圾处理专家王维平就承担了中间人的角色，先后五六次去阿苏卫与奥北社区的居民们沟通，并努力促成北京市城市管理委员会决定进行的一次有居民代表参加的对日本垃圾处理机构的考察。

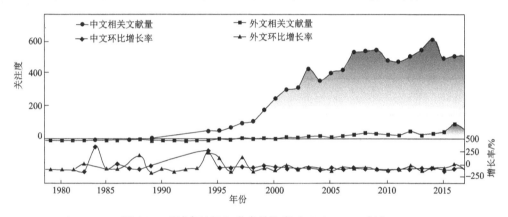

图 4-1　"城市垃圾"学术关注度（1978～2017 年）

资料来源：通过中国知网（China National Knowledge Infrastructure，CNKI）指数检索获得（检索"篇名"中含"城市垃圾"）

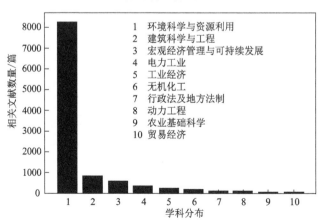

图 4-2　"城市垃圾"关键词学科分布

资料来源：笔者通过 CNKI 指数检索获得，检索词为"篇名"中含"城市垃圾"

不过，专家学者的参与也存在着一些问题。一方面，很多学术论文的发表仅限于学术圈内的交流，并没有更进一步地为垃圾治理的现实提供更多的参考价值。例如，2016年9月，国际杂志 Science of the Total Environment（《整体环境科学》）刊登了我国学者的一份研究报告。该研究由我国四家科研机构（浙江省疾病预防控制中心、中国计量大学、中国疾病预防控制中心、国家食品安全风险评估中心）联合开展，采样分析检测2006～2015年浙江市场零售食品、一座生活垃圾焚烧发电厂与一个电子垃圾拆解场地附近食品中二噁英和聚氯联苯毒性当量值。垃圾问题专家徐海云（2017）感叹，这样看起来具有权威性的研究，"花费大量人力物力，结果只是变成英文字码的文章。科学研究目的是推动进步，提高大众福祉。当前国内许多地方垃圾焚烧厂建设遇到'邻避'，垃圾焚烧厂排放的二噁英是'邻避'的主题、也是大众关心的热点问题，政府、民众都为此受到很大困扰，社会为此付出很大代价。这样的文章难道不应该首先在国内用汉字发表，并让全国人民分享吗？"另一方面，由于在"专家论证、政府拍板"的传统决策模式下，民众的意见长期被忽略，专家的公信力往往受到公众质疑，尤其是在网络信息发达的自媒体时代，他们的一些意见和观点常常得不到公众的认同，更极端的情况下，他们还可能遭受人身攻击。这些问题，使得专家学者的参与效果有所折扣。

3. 志愿者

这里所说的志愿者，包括依托一个社会组织或没有依托任何组织，在城市垃圾治理事务中提供自愿、无偿服务的个人。志愿者通常以参与关于垃圾问题的宣传教育、垃圾分类指导、垃圾捡拾等方式发挥作用。近年来，一些志愿者开始对垃圾问题进行深入研究，并提出一些政策建议，以网上公开发表或邮寄给相关机构的方式，为人大及政府部门等提意见、建议。还有一些人则在为维护自身利益而参与抗争之后，没有就此停止，而是采取了持续行动。例如，广州番禺的焚烧厂停建后，社区的积极分子们并没有认为自己的使命已经完成，而是根据自己在抗争过程中认识到的问题，自觉地向居民宣传"只反对焚烧是不够的，因为焚烧的理由还在"的认识，并倡导居民进行垃圾分类，因为居民不能只是反对将焚烧厂建立在自己家门口，而应该通过垃圾分类实现垃圾减量，也避免将焚烧厂建在别人的家门口。这种从理性而非道德压力角度思考来做公益会更持久，更有可复制性（刘海英，2011b）。不过，总体而言，我国志愿者的参与还存在参与时间和持续时间不固定、相关知识与能力有限等问题。

4. 直接利益相关者

直接利益相关者，主要是指受到某一垃圾处理设施直接影响的居民，主要是垃圾压缩站、垃圾中转站、垃圾填埋场、垃圾焚烧发电厂等设施或规划设施周边的居民，或因为这些设施的建设需要搬迁的居民。作为垃圾处理设施的直接影响对象，他们的充分参与显得尤为重要。直接利益相关者的参与方式主要有：参与设施规划决策程序，了解情况，发表意见；参加相关的考察活动、说明会，获得全面的信息；参加听证会提出自己的利益诉求；参加项目的环境影响评价；发表公开信，邀请政府部门与之对话；对设施的建设和运行过程进行监督等。

在我国，直接利益相关者的参与一度被忽视——如在 2009 年的阿苏卫事件中，项目决定之前，市政府就没有广泛征求过当地居民的意见（汤涌，2010）。忽略直接利益相关者的参与，是 2007 年以来针对垃圾设施建设生产的冲突大量增加的重要原因之一。因为事先不知情或没有被纳入决策过程，直接利益相关者的参与实际上是从抗议开始的。在很多案例中，直接利益相关者的行动都形成了有规模的政策参与的渠道，显示了不可小觑的议政能力（刘海英，2011b）。如今，在较大城市中，直接利益相关者的参与受到了重视，居民参与能力得到了提高，政府部门组织和接纳公众参与的能力也在提高。不过，中小城市的状况还不容乐观。

5. 拾荒者

拾荒者是指城市中以捡破烂、收废品谋生的人，既包括走街串巷捡拾废品的人，也包括从事废品收购和运输的人。大多数国家都有拾荒者的存在，而我国，拾荒者群体数量尤其庞大，以进城农民为主体。这与我国经济发展状况尤其是城乡二元化的经济结构、废品回收"正规军"建设不足、垃圾分类回收尚未全面推广等因素有关。拾荒者在维持自身生计的同时，对实现废品、垃圾的分拣和资源的回收再利用发挥了积极的作用，另外，也有效减少了终端垃圾处理量，减轻了城市垃圾处理的负担。例如，2014 年，北京就有约 17 万名的拾荒者靠废品回收维持生计。有学者估算，北京的拾荒者一年所拾捡的废品、垃圾有近 400 万吨，其重量相当于 40 艘 10 万吨级的航母，体积相当于两个景山；如果没有拾荒者这个群体，全部填埋这些垃圾需要消耗 17.86 亩土地，而且要产生 7 万多立方米的垃圾渗透液。如果不善加处理，进入水体，则会污染水质和填埋场附近的土地（张书旗，2014）。

拾荒者确实为城市垃圾治理做出积极的贡献，但同时也带来了一些问题。首先是治安问题——1997 年，北京市刑事案件中七成以上是拾荒者犯下的。有的人偷盗污水井盖儿、绿地护栏、变压器、甚至地铁的电缆，有的人抢劫。甚至还出现过"帮派"之间的械斗（杨海，2016）。目前的状况虽然已经大大改善，但拾荒者内部利益的争夺导致的冲突还会经常发生。其次，拾荒者回收的电子垃圾等特殊垃圾，往往会流向收购价格较高的非正规的拆解作坊，造成严重的环境污染。最后，一些沿街的拾荒者在翻找垃圾的过程中，会将已经分类投放或袋装投放的垃圾打开、拆散，造成污染和垃圾混杂。与此同时，拾荒者往往居住在环境恶劣的环境中，在拾荒过程中容易接触有毒、有害的物品，自身的健康和生存状况也不容乐观。并且，虽然拾荒者在城市垃圾治理中发挥了非常大的作用，但是在很多城市管理者眼中，他们影响了城市形象，在城市的不断发展中，往往成为被驱赶的对象。

需要注意的是，除拾荒者外，个体公众在城市垃圾参与中的角色并不是截然分开的，一个人可能同时扮演多个角色，如环境史博士毛达，既是研究者，又常常扮演志愿者的角色。

4.2.2　企业的参与

1. 市场化自主参与

在一些发达国家，垃圾处理业已经被视为经济增长最快的行业之一。德国玻璃制品已经基本实现 100%回收；而冶金生产中留下的矿渣也有 95%得到重新利用。在瑞士，75%的废纸、95%的废玻璃和约 90%的铝罐得到了回收，废旧电池的回收率达到 2/3（刘浪等，2015）。十几年来，随着国民经济的发展和环保政策、产业政策等的支持，我国固废行业也迎来了巨大的发展机遇，吸引了越来越多的企业和资本进入，固废行业进入了黄金时代。这从 E20 环境平台和中国固废网举办的 2016 年度中国固废行业企业评选活动可见一斑。该评选共有超过 160 家企业参加。经过激烈角逐，通过市场能力、投融资能力、生态化能力、品牌能力与企业家及团队管理能力五个维度，E20 评审团、行研评审团、专家评审团、媒体评审团、网络评审团五大评审团队评审，并通过网络票选和实地考察结合的形式，最终评选出了综合奖——2016 年度中国固废行业十大影响力企业和五个专项奖，及2016 年度中国固废行业细分领域及单项能力领跑企业。从这项评选活动中，可以看出我国当前垃圾处理行业发展的总体情况，见表 4-1～表 4-3[①]。

表 4-1　2016 年度中国固废行业十大影响力企业

项目	企业名称
1	中国光大国际有限公司
2	杭州锦江集团有限公司
3	北京控股集团有限公司
4	启迪桑德环境资源股份有限公司
5	首创环境控股有限公司
6	中国环境保护集团有限公司
7	瀚蓝环境股份有限公司
8	浙江旺能环保股份有限公司
9	绿色动力环保集团股份有限公司
10	上海环境集团有限公司

---

① 2016 年度中国固废行业企业评选. http://www.h2o-china.com/activity/vote/rank?id=7[2017-03-31]。

表 4-2　2016 年度环卫收运及垃圾分选领域领先企业

细分领域	环卫收运及垃圾分选领域领先企业
环卫收运专业化运营年度领跑	中联重科股份有限公司
环卫一体化专业运营年度领跑	北京环境卫生工程集团有限公司
环卫收运专业化运营年度标杆	福建龙马环卫装备股份有限公司
环卫收运专业化运营年度成长	劲旅环境科技有限公司
环卫收运专业化运营年度成长	福建东飞环境集团有限公司

表 4-3　2016 年度生活垃圾领域领先企业

细分领域	生活垃圾领域领先企业
焚烧投资运营年度标杆	重庆三峰环境产业集团有限公司
焚烧投资运营年度成长	盈峰环境科技集团股份有限公司
焚烧系统解决方案年度成长	新源（中国）环境科技有限责任公司
焚烧系统解决方案年度成长	武汉都市环保工程技术股份有限公司
焚烧核心设备年度领跑	无锡华光锅炉股份有限公司
焚烧核心设备年度标杆	南通万达锅炉有限公司
生活垃圾综合资源化利用年度标杆	湖南万容科技股份有限公司
生活垃圾填埋气收集及资源化利用年度领跑	新中水（南京）再生资源投资有限公司

我国企业提供的与垃圾处理相关的产品和服务主要包括以下几个方面。

（1）固废行业企业可以提供从装备设计制造到垃圾收转、处理的全产业链服务。例如，福建龙马环卫装备股份有限公司是国内首家专注于环境卫生领域的上市公司，该公司集城乡环境卫生系统规划设计、环境卫生装备研发制造销售、环境卫生运营、投资为一体，提供整体的环境卫生解决方案。湖南万容科技股份有限公司则致力于打造一条集环保装备研发制造，电子废弃物及报废汽车回收拆解，产业废弃物及生活垃圾资源化利用，金属资源、绿色能源开发于一体的循环经济产业链。北京环境卫生工程集团有限公司是一级大型国有独资企业，由北京市人民政府国有资产监督管理委员会监管，长期致力于城乡环境综合服务、废弃物资源化利用、固废装备制造、环卫技术研发、环卫工程建设等领域，可为客户提供项目规划、工艺设计、投融资建设、运营管理等一体化服务，是我国环卫产业链最完整、规模与综合实力最强的专业化实业集团之一。

（2）生态环境产业服务公司可以提供平台服务。典型代表是 E20 环境平台网站[①]。E20 环境平台是一家生态型产业服务平台公司，以行业预判能力、顶层设计能力及协同创新能力为核心能力，践行"用平台的力量助力环境企业快速成长，为生态文明打造产业根基，用产业的力量改变世界"的企业使命。E20 环境平台旗下包括中国固废网、垃圾焚烧产业促进联盟在内的诸多子品牌、子平台和机构。

---

① 网址为 http://www.e20.net.cn/about.html。

E20 环境平台开展的业务有产业服务、会员服务、咨询服务、商业服务、金融服务、生态·共创平台群。到 2017 年已有 300 多家各环境子领域前 20% 的优秀企业加盟 E20 生态合作的产业第一圈层，数万专业人士深度参与平台各项基础服务互动，并成为政府有关部门的环境产业顾问和助手伙伴。

（3）互联网、信息技术等企业在垃圾分类、回收等领域发挥特长。例如，成都市绿色地球环保科技有限公司（以下简称绿色地球）是一家互联网公司，从 2008 年起，该公司就开始在四川成都锦江区开展垃圾分类业务，并给每袋垃圾贴上二维码。通过扫描二维码，居民每次的垃圾分类行动都计入其账户积分，从而获得奖励。绿色地球研发了一套垃圾跟踪与反馈信息系统，支撑整个垃圾分类回收运营体系，并给用户及兼职人员制造了游戏通关的奇特体验。截至 2017 年，已覆盖成都 602 个小区、20.82 万个家庭，回收 1.12 万吨可回收物。

2. 通过 PPP 项目与政府进行合作

在国外，PPP 有狭义和广义之分，其中，狭义的 PPP 仅用来指公共部门和私营部门采用合资组建公司的形式来开展合作，而广义的 PPP 则泛指公共部门和私营部门为了提供公共产品或服务，共同建立的各种合作关系。早在 20 世纪 80 年代我国就首次引入 PPP 模式建设项目，从 2013 年起，PPP 进入了最新一轮的推广阶段。2014 年 10 月，《国务院关于加强地方政府性债务管理的意见》（国发〔2014〕43 号）中明确提出："推广使用政府与社会资本合作模式。鼓励社会资本通过特许经营等方式，参与城市基础设施等有一定收益的公益性事业投资和运营。政府通过特许经营权、合理定价、财政补贴等事先公开的收益约定规则，使投资者有长期稳定收益。投资者按照市场化原则出资，按约定规则独自或与政府共同成立特别目的公司建设和运营合作项目。投资者或特别目的公司可以通过银行贷款、企业债、项目收益债券、资产证券化等市场化方式举债并承担偿债责任。政府对投资者或特别目的公司按约定规则依法承担特许经营权、合理定价、财政补贴等相关责任，不承担投资者或特别目的公司的偿债责任。"可以看出，我国的 PPP 项目模式如下：社会资本在政府授权下可独自或与政府共同成立①项目公司；这些项目公司以特许经营模式来投资并运营相关项目。政府在合作中主要承担的责任有财政补贴和确保合理定价，但是政府不承担项目中的偿债责任。

财政部和国家发展和改革委员会针对 PPP 分别颁布了部门规章。在财政部颁布的《关于推广运用政府和社会资本合作模式有关问题的通知》（财金〔2014〕76 号）中，PPP 是指"政府和社会资本合作模式"，是政府部门和社会资本"在基础设施及公共服务领域建立的一种长期合作关系"。通常模式是由社会资本承担设

---

① 部分省区市的地方规定中要求必须共同成立。

计、建设、运营、维护基础设施的大部分工作，并通过"使用者付费"及必要的"政府付费"获得合理投资回报；政府部门负责基础设施及公共服务价格和质量监管，以保证公共利益最大化。在《国家发展改革委关于开展政府和社会资本合作的指导意见》（发改投资〔2014〕2724 号）中，则将 PPP 解释为：PPP 模式是指政府为增强公共产品和服务供给能力、提高供给效率，通过特许经营、购买服务、股权合作等方式，与社会资本建立的利益共享、风险分担及长期合作关系。总体来说，这两个部门给出的 PPP 基本框架是一致的，只是在有些细节上有所差异，主要表现在对 PPP 模式中的"社会资本"的相关规定。国家发展和改革委员会发布的《政府和社会资本合作项目通用合同指南（2014 年版）》的规定则是：签订项目合同的社会资本主体，应是符合条件的国有企业、民营企业、外商投资企业、混合所有制企业，或其他投资、经营主体。可以看出，这里的"社会资本"是包括了国有企业的。财政部发布的《关于印发政府和社会资本合作模式操作指南（试行）的通知》（财金〔2014〕113 号）中的规定是：指已建立现代企业制度的境内外企业法人，但不包括本级政府所属融资平台公司及其他控股国有企业。

一般来说，适宜采用 PPP 模式的项目应具有几个特点：一是价格调整机制相对灵活、市场化程度相对较高；二是投资规模相对较大、需求长期稳定。垃圾处理项目就具有这样的特点。PPP 模式在垃圾处理行业，尤其是在垃圾焚烧发电项目中得到了广泛的应用。目前，全国的垃圾焚烧发电项目，有 95%都是通过 PPP 中的建设—运营—移交（build-operate-transfer，BOT）方式建设运营的[①]，而目前市场化程度较低的垃圾清扫、运输等大多由环卫部门负责，投入占地方政府整个垃圾处理开支的 60%～70%的垃圾收运环节，则被认为是未来重要的 PPP 合作领域（陈湘静，2016）。

PPP 模式是一种管理方式，更是一种融资方式。首先，PPP 模式可以激活市场上大量的社会资本，缓解政府债务负担，也可以将政府的一次性投入分摊到多个年度，减轻当期新增投入压力。其次，PPP 模式能通过社会资本方引进先进技术、设备和管理方法，这样可以有效地降低项目成本，并提升公共产品的生产运营效率和提高公共服务的质量。最后，合作双方可以达到共赢的目的，地方政府的角色是公司的参股方，所以可以实现对服务的全过程直接监管；而企业则可以通过项目获得良好的业务增长[②]（陈湘静，2016）。

但是，在企业以 PPP 模式参与垃圾治理的过程中，也暴露出一些问题。最突出的问题是行业低价竞争和政府为了减少投入而青睐低价，一些地方的垃圾焚烧

---

① 一个垃圾焚烧项目案例教你看懂 PPP 模式. http://huanbao.bjx.com.cn/news/20160518/734395-2.shtml [2016-06-16].

② 以史为鉴——国内 PPP 发展历程及未来展望. http://bond.hexun.com/2015-03-17/174120109.html[2015-04-22].

发电项目垃圾处理费中标价屡创新低，导致企业生产和服务质量难以保证。例如，2015 年 6 月，中国光大国际有限公司以 48 元/吨的价格通过竞争中标山东省新泰市生活垃圾焚烧发电项目；8 月，绿色动力环保集团股份有限公司以 26.8 元/吨的价格中标安徽省蚌埠市的垃圾焚烧发电项目；9 月，江苏省政府宣布天津泰达环保有限公司预中标江苏省高邮市生活垃圾焚烧发电 PPP 项目，垃圾处理费中标金额为 26.5 元/吨，中标价格一降再降。3 个月后，最低价格记录再一次被打破——2015年 12 月，位于浙江省绍兴市的处理规模为 2250 吨/日的垃圾焚烧项目开标，重庆三峰环境产业集团有限公司给出了 18 元/吨的垃圾处理服务费报价（也称垃圾焚烧费、垃圾焚烧补贴，指政府部门根据与垃圾焚烧发电项目中标者的协议给予中标者的补贴费）。仅仅数月时间，中标最低价从 48 元/吨骤降至 18 元/吨，降幅达 62.5%，可以说是"跳崖式"的降价（朱碧雯，2016）。而业内公认比较合理的垃圾处理服务费报价应该在 60~80 元/吨。企业报了一个超低价之后，在技术和设备等投入方面难免打折扣，企业承诺的环保能否达到也遭到公众质疑。在后续的发展中，也往往会就提高垃圾处理收费等问题与政府讨价还价。而在市政环卫领域，在引入 PPP 项目时，有些城市也片面追求降低政府投入，往往是以最低价中标，导致环卫工人因待遇太低而无法安心工作，进而造成环境卫生质量下降（沈俊清和郑羽，2016）。

此外，企业通过 PPP 项目模式参与城市垃圾治理，还存在着政府主管机构交叉重叠、地方政府契约意识淡薄、原有环卫部门在编人员安置、资产处置等实际问题，需要在今后的实践中加以研究和解决。

3. 公益性参与

公益性参与主要指企业以捐赠、提供赞助、举办公益活动等方式，参与垃圾治理的宣传和垃圾分类等措施的推广。一些关注城市垃圾治理的企业，往往会以捐赠（如为社区捐赠垃圾桶、为环卫局捐赠垃圾收集箱等）或者为相关宣传、推广活动提供场地、资金等各种赞助形式支持城市垃圾治理。一些企业还自己组织公益活动，就与城市垃圾相关的议题进行宣传和倡导。例如，2015 年 8 月 22 日，由中国银行江苏省分行团委牵头，联合人民银行南京分行、南京银行、恒丰银行南京分行等南京市金融机构召开南京市银行业第一届绿色生活公益活动——"绿巨人在行动"。活动邀请江苏现代低碳技术研究院进行活动指导，组织近 400 名绿色环保青年志愿者以"支持低碳环保，倡导垃圾分类"为主题，开展了情景表演、环保知识竞答和旧物互换等环节（韩伟，2015）。

4.2.3　社会组织的参与

在不同的国家、不同的使用情境下，介于政府和营利性企业组织之间的组织有不同的名称和含义，如非营利组织（non-profit organization，NPO）、NGO，在我国，政府称之为社会组织，一般是指人们自愿组成的非政治性、非营利性和非宗教性的社会组织。在我国的实际使用中，社会组织和 NGO 同时存在，并在一般情况下将其视为同义词①。

1978 年，由政府支持的 NGO——中国环境科学学会正式成立，这是我国国内成立最早、规模最大、专门从事环境保护事业的全国性科技社团。而业界普遍认为，改革开放以来，中国成立的第一家民间自发的 NGO 也诞生于环保领域，即 1994 年成立的"自然之友"。当前中国各个领域的 NGO 中成立时间最早、最活跃、社会影响最大的就是环保领域的 NGO，即环保 NGO，可以说，环保 NGO 是中国 NGO 的先锋（邓国胜，2010）。环保 NGO 在公众环保教育、促进公民环保行动参与、参与和推动环保政策制定、协助公众环境维权、监督环境政策实施、推动企业环保责任等方面发挥着越来越大的作用。而我国关注垃圾议题的 NGO，主要来自民间环保 NGO。

1. 环保 NGO 参与城市垃圾治理的基本情况

虽然都关注环境保护问题，但是不同的环保 NGO 所关注的议题有所不同。其中，垃圾议题是一些组织关注的领域之一，或者主要领域——实际上，"拾垃圾"正是中国民间环保 NGO 起家的"老三样"之一②。

早期的垃圾议题具有环保启蒙的教育作用，从 1996 年开始，以民间环保 NGO "北京地球村"为代表的一些 NGO 就开始在北京倡导垃圾分类，不过虽然有几个试点小区坚持推行分类，然而效果甚微，并没有积累多少可用的实践经验。

在被称为"环境保护公众参与元年"的 2007 年③，当垃圾问题成为中国的一个社会争议的话题之时，公众虽然求助于环保 NGO，却由于环保 NGO 无力介入这样有争议的议题而并未得到其支持。在 2009 年全国各地的垃圾抗争中，环保 NGO 仍然总体上缺席，受到公众质疑。2010 年 11 月，在中华环保联合会年会城市垃圾论坛上，反对阿苏卫垃圾焚烧发电厂项目的北京奥北社区居民代表人物黄小山曾对在座的环保 NGO 人员说，当居民们在反对阿苏卫垃圾焚烧发电厂项目行动中最需要环保 NGO 的时候，环保 NGO 既没有敏感性，也没有给予居民专业上、理论上的指导和道义上的支持，更没有唤起公众的责任。环保 NGO 意识到，在得到社会各方更加积极回应的垃圾问题上，环保 NGO 要有

① 在政府管理中，通常使用"社会组织"一词，并将其定义为在规定机构进行登记的社会团体、民办非企业单位和基金会三种类型。在社会中，通常使用 NGO，除了依法登记的社会组织外，还包括了大量由于达不到登记条件等原因而没有进行登记的"草根 NGO"。在本书中，笔者将根据约定俗成的使用习惯分别使用"社会组织"和 NGO 这两个概念。

② 中国环保 NGO 活动内容的"老三样"是指植树、观鸟、捡垃圾。

③ 2007 年之所以被称为中国环境保护"公众参与元年"，是因为在这一年，厦门的 PX 项目事件、北京六里屯的垃圾焚烧项目、上海的磁悬浮列车项目等都因公众的参与直接影响了最终决策。

自己的角色。从 2010 年起，环保 NGO 在垃圾领域的工作策略、专业提升等方面开始发挥作用（刘海英，2011a）。

2015 年 12 月，中国零废弃联盟（以下简称零废弃联盟）和合一绿学院共同做了一项中国民间垃圾议题环保 NGO 发展状况的调查。他们根据统一标准和定义界定了垃圾议题的环保 NGO，认为在全国 512 家民间环保 NGO 中，仅 56 家环保 NGO 工作涉及垃圾议题，他们向这 56 家关注垃圾议题的环保 NGO 进行了定向问卷投放，收到了 35 份有效问卷，并于 2016 年 5 月 20 日在北京联合发布调查报告。报告显示，从成立时间上看，35 家环保 NGO 中，仅有 4 家成立于 2000 年以前；5 家成立于 2000～2005 年；2006 后，垃圾议题环保 NGO 快速增长，其中 11 家成立于 2006～2010 年，15 家成立于 2011～2014 年（图 4-3）。可见，随着社会垃圾问题的关注度的增长，关注垃圾议题的环保 NGO 的数量也随之增长。

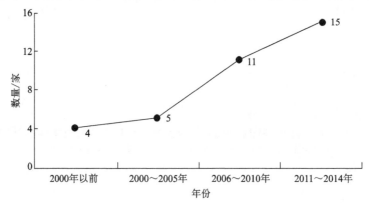

图 4-3　关注垃圾议题的环保 NGO 成立时间

资料来源：零废弃联盟. 中国民间垃圾议题环境保护组织发展调查报告. http://www.lingfeiqi.org/node/17[2016-12-22]

从垃圾议题占组织工作比重来看，2014 年垃圾议题占组织工作比重平均为 50.94%，9 家垃圾议题占组织工作比重为 0～20%，9 家垃圾议题占组织工作比重为 21%～40%，3 家垃圾议题占组织工作比重在 41%～60%，6 家垃圾议题占组织工作比重为 61%～80%，8 家垃圾议题占组织工作比重专注于垃级议题，垃圾议题占组织工作比重为 81%～100%。

从地域分布来看，接受调查的 35 家组织中，分布最多的地区为上海（5 家）；其次是北京（4 家）、广东（4 家）、安徽（4 家）；浙江有 3 家；天津、江苏、河南、福建各有 2 家；云南、四川、陕西、辽宁、宁夏、湖北、甘肃各有 1 家；其余 15 个地区没有组织参与本次调查。

在城乡垃圾议题上，33 家组织关注城市垃圾议题，占比 94.29%，农村生活垃圾和其他垃圾类型分别有 9 家和 7 家关注，而电子垃圾（4 家）和工业垃圾（3 家）则受到的关注较少。

2. 关注垃圾议题的代表性环保 NGO 及合作平台

（1）芜湖生态中心。芜湖生态中心成立于 2008 年，2013 年在芜湖市民政局正式注册成为社会团体，注册名为芜湖市生态环境保护志愿者协会。该组织以"通过提高公众参与环境保护意识，推动皖南环境问题的解决及全国垃圾焚烧厂的清洁运行"为使命。芜湖生态中心通过在线监测信息观察与信息公开申请等方式获取全国在运行垃圾焚烧厂的污染排放数据，并配合相关调研、研究和政策推动等手法，推动垃圾焚烧厂的清洁运行[①]。

（2）自然之友。2009 年初，自然之友组建了城市固体废弃物（垃圾）专题工作组，并启动了一项研究计划，系统回顾目前与中国垃圾管理有关的关键性法规、政策、官方与民间文献，于 2011 年编写完成了研究报告《中国生活垃圾管理：问题与建议》，分析了中国生活垃圾管理的十大问题，并提出了十大建议，引起了广泛的社会关注。2011 年 12 月，自然之友与芜湖生态中心、宜居广州生态环境保护中心（以下简称宜居广州）等共同组建了零废弃联盟，通过联盟的工作持续参与城市垃圾议题。

（3）宜居广州于 2012 年 6 月经广州市海珠区民政局批准后正式成立，是一家关注垃圾分类及废弃物管理的广州民间环保 NGO。宜居广州的创立源于 2009 年番禺会江民众反对兴建垃圾焚烧发电厂事件，之后由番禺部分居民于 2010 年 2 月底自发形成"绿色家庭"环保活动小组，关注并推动广州废弃物管理议题，后来成立了"宜居广州"。该组织的愿景是创造"一个没有垃圾的未来（零废弃），一个全民环保的时代（绿公民），一个生态宜居的广州（靓广州）"，并以"倡导建立零废弃社区：连接政府、企业、社区的环保力量，建设公众参与环保平台，探索与实践解决垃圾围城的可持续之道"为使命。宜居广州通过研究城市废弃物管理，积极与政府部门、企业和社会环保机构合作，推动源头减少废弃物和城市垃圾分类的理念落实，以政策倡导推动督促政府部门落实相关政策，以公众倡导活动引导社会各界关注并参与城市废弃物环保行动，助力完善城市固体废弃物处理和管理体系[②]。

（4）零废弃联盟。2011 年 12 月 10 日，由中国公益组织和环保人士共同发起成立了非营利的行动网络与合作平台——零废弃联盟，致力于促进政府、企业、学者、公众及社会组织等各界在垃圾管理过程中的沟通与合作，推动中国垃圾管理、循环经济和低碳经济的正向发展。零废弃联盟的理念是："零废弃"既是一种目标，也是一种战略，它要求我们为产生更少的垃圾而努力，不断减少垃圾的焚烧和掩埋，最终达到或接近零排放的目标；同时，垃圾在资源化利

---

① 芜湖生态中心.简介. http://www.wuhueco.org/index.php?m=content&c= index&a=lists&catid=34[2017-06-05].

② 宜居广州. 认识宜居. http://www.yjgz.org/plus/list.php?tid=1[2017-06-05].

用的过程中，其温室气体和有害物质排放都应降到最低，继而使环境和人体健康受到的负面影响降到最低。为实现以上目标，零废弃联盟支持并亲自实践有利于构建可持续的综合垃圾管理体系的各种政策、经济和技术措施，包括产品生态设计、限制有毒物质使用、抑制浪费、源头分类、循环利用、清洁生产、资源化技术等。零废弃联盟开展的主要活动包括促进关注中国垃圾问题的社会各界及垃圾管理各利益相关方的互相交流与合作；向公众传播垃圾管理的相关信息，并传播基于公众利益的垃圾管理政策和解决方案；调查研究和政策倡导等①。目前，联盟有 34 个团体和 15 个个人成员。零废弃联盟是目前中国 NGO 参与城市垃圾议题的最重要的合作平台。

3. 当前环保 NGO 参与垃圾治理的主要领域和形式

1）主要领域

当前，环保 NGO 参与垃圾治理的主要领域包括前端减量、末端监督和政策倡导，具体的参与形式多种多样。

（1）前端减量。在此领域中，环保 NGO 通常的参与形式有：自行或帮助政府进行宣传和推广，包括召开论坛会、组织各种公益活动，如"零废弃"公益大赛等；成立基金，支持组织和个人的相关努力，如北京自然之友公益基金会、北京市企业家环保基金会等就联合发起了"零废弃基金"，为"零废弃"行动提供资金支持。

（2）末端监督。主要形式是对公开发布的信息进行监督、统计和分析，对信息不完善的地方申请信息公开、调查研究和法律诉讼，以及向有关部门反映问题；通过承接政府购买环境治理服务项目的方式与当地政府建立合作关系，如进行环境检测等；偶尔也会组织公众参与监督和媒体曝光。

（3）政策倡导。多使用发布调研数据、公开提出意见建议、游说人大代表等方式开展工作。

2）信息发布的形式。

媒体既是环保 NGO 进行公共表达的渠道，也是环保 NGO 和政府、公众进行互动的舞台。环保 NGO 的媒体表达，拓展了社会的话语空间，促进社会舆论的生成，并且丰富了社会与国家之间的互动机制（曾繁旭，2007）。而在新媒体时代，环保 NGO 参与垃圾治理的表达渠道则更加丰富和便捷，这也使得环保 NGO 的相关行动能够得到更多的关注，取得更好的效果。《中国民间垃圾议题环境保护组织发展调查报告（2015）》指出，当前，在组织动态发布、向公众披露垃圾分类监督工作和末端监督情况等方面，微信公众号是被采用最多的发布途径，微博和

---

① 零废弃联盟. 零废弃联盟章程（试行）. http://www.lingfeiqi.org/constitution[2016-01-12].

机构网站等也是重要途径。而在向企业的反馈上，新闻媒体报道是垃圾末端监督组织最常用的反馈渠道。向政府有关部门的反馈渠道较为多元化，但新闻媒体报道依然是主要反馈渠道，其他的反馈渠道有纸质报告、电话、政府信息平台、微信公众号等。

4. 环保 NGO 参与的成效与存在的问题

近年来，环保 NGO 在垃圾议题上的参与取得了一定的成效。除了一些影响较大的调查报告、意见建议书之外，在中国民间垃圾议题环境保护组织发展调查中发现，在 35 家组织中，有六成以上的组织都曾推动过某项垃圾管理政策的改变，从工作手法选择和成果观察，垃圾环保 NGO 专业化水平已日趋成熟。

然而，总体而言，关注垃圾议题的环保 NGO 尚处于发展阶段，数量少，规模小，资金短缺，缺乏解决方案或成功经验，参与能力有待提升。从数量上来说，涉及垃圾议题的环保 NGO 工作约为环保组织总量的 1/10 而且整体规模偏小。在 35 家接受调查的垃圾环保 NGO 中，超过一半的环保 NGO 开展垃圾议题的工作比重不超过 40%，环保 NGO 平均员工的数量仅为 5.67 名，员工数量在 1~6 名的环保 NGO 占比 80%。同时，环保 NGO 筹资渠道依赖于基金会与政府购买服务，2014 年垃圾环保 NGO 的资金来源中基金会占第一位，政府委托或资助也紧随其后占有相当比例位列第二，企业资助位列第三，而个人捐赠、会员费及其他筹资来源则仅占 16%。相较于其他环保组织，垃圾环保 NGO 的资金较薄弱。近 75% 的环保 NGO 2014 年筹款额在 100 万元以下，更有 20% 的环保 NGO 2014 年筹款额在 10 万元以下。外界资金的注入不足，显然已极大地限制了垃圾环保 NGO 的发展[①]。

4.2.4　社会力量参与城市垃圾治理的新形式——政府购买服务

政府购买服务，一般是指政府通过市场机制，把本来由政府提供的部分公共服务事项转交给合适的社会力量承担，政府根据服务质量和数量支付费用并进行监督的一系列相关制度安排。政府购买服务是政府职能转变的途径之一，也是创新公共服务提供方式的重要途径，有利于在市场经济条件下更好地发挥社会力量的作用和市场在资源配置中的决定性作用。2013 年，国务院办公厅印发《国务院办公厅关于政府向社会力量购买服务的指导意见》（国办发〔2013〕96 号）。2014 年以来，我国在基本公共服务领域逐步加大政府向社会力量购买服务的力度。2014 年 4 月，财政部在《财政部关于推进和完善服务项目政府采购有关问题的通知》中对政府向社会购买服务项目的具体分类做了明确规定。其中，环境服务被作为第三类列于其中。政府向公众提供的公共服务类可以分为两类，第一类是以物为

---

① 零废弃联盟. 中国民间垃圾议题环境保护组织发展调查报告. http://www.lingfeiqi.org/node/17[2016-12-22].

对象的公共服务，第二类是以人为对象的公共服务。第一类的具体范围包括公共设施管理服务、环境服务、专业技术服务等；第二类的公共服务包括教育、医疗卫生和社会服务等。2014 年 12 月，财政部、国家工商总局、民政部等部门联合印发《政府购买服务管理办法（暂行）》（以下简称《办法》）。《办法》指出，"政府购买服务的主体是各级行政机关和具有行政管理职能的事业单位。党的机关、纳入行政编制管理且经费由财政负担的群团组织向社会提供的公共服务以及履职服务，可以根据实际需要，按照本办法规定实施购买服务"。《办法》还指出，"承接政府购买服务的主体，包括在登记管理部门登记或经国务院批准免予登记的社会组织、按事业单位分类改革应划入公益二类或转为企业的事业单位，依法在工商管理或行业主管部门登记成立的企业、机构等社会力量"。《办法》明确将环境治理、城市维护等领域适宜由社会力量承担的基本公共服务纳入政府购买服务指导性目录。

2015 年 2 月，环境保护部印发的《关于推进环境监测服务社会化的指导意见》（以下简称《指导意见》）中将环境监测服务作为近期政府购买环境服务的主要领域。《指导意见》的指导思想是，以党的十八大和十八届三中、四中全会精神为指导，强化政府环境监测公共服务职能，加快转变环境监测职能，推进政事分开和政社分开，鼓励引导社会环境监测力量广泛参与，创新环境监测公共服务供给模式，强化环境监测事中事后监管，形成以环保系统环境监测机构为骨干、社会环境监测力量共同参与的环境监测管理新体制。《指导意见》对"全面放开"和"有序放开"等两类环境监测服务事项进行了进一步明确。其中，全面放开的环境监测服务事项包括：排污单位污染源自行监测、环境损害评估监测、环境影响评价现状监测、清洁生产审核、企事业单位自主调查等环境监测活动。因地制宜、有序放开的环境监测服务事项包括：环境质量自动监测站和污染源自动监测设施的运行维护、固体废弃物和危险废弃物鉴别等监测业务（环境保护部，2015a）。《指导意见》也给予了各级环保部门因地因时制宜的权力。各级环保部门可根据本地的政策准备、市场发育和监管水平等情况，结合工作实际自行决定具体放开哪些监测业务、何时放开[①]。

政府购买环境服务、城市维护服务，为企业和社会组织参与城市垃圾治理开辟了新的途径。从目前的政策规定来看，垃圾焚烧处理厂的污染排放数据监测、环卫服务等将可能成为政府购买服务的主要领域。不过，由于缺乏统一的指导意见和实施细则，政府购买环境服务仍处于初级探索阶段，面临法律问题、资金保障问题、利益和风险分担机制不完善、企业趋利性与公共产品公益性的矛盾等挑

---

① 培育监测服务市场，规范社会机构行为——《关于推进环境监测服务社会化的指导意见》解读. http://www.mee.gov.cn/xxgk/zcfgjd/201605/t20160522_343427.shtml[2015-02-22].

战。政府购买服务还需要在政府理念转变、规范化等方面进行改进和完善。

综上，总体而言，我国关于公众参与城市垃圾治理在法律法规、部门规章等文件中已有一些制度规定，然而相关规定大多还比较宏观，缺乏可操作性。公众参与的主体在城市垃圾治理中已经以各种各样的方式参与进来，且发挥了一定的作用，但各主体的参与都存在一些问题，且互动合作不足，导致公众参与的有效性不高，亟待进一步研究和改进。

第 5 章　城市垃圾治理公众参与的国内外经验和我国公众参与的促进

经过多年的发展，我国城市垃圾治理公众参与相关制度逐步建立并正在完善，政府和各参与主体都在实践中得到了成长。然而，我国城市垃圾治理中的公众参与仍然面临着制度依据不足、非制度性参与较多、参与主体缺乏动力等诸多问题，需要借鉴国内外经验，结合我国实际，加以促进。

5.1　城市垃圾治理公众参与的国内外经验

5.1.1　以严格且可操作性强的法律和制度规定，促进公众实质性参与

在垃圾治理较好的国家和地区，都少不了公众的广泛和深度参与；而公众的参与，则是以细致的、可操作性强的法律和制度作为根本保障的。其中，日本的垃圾分类制度给我国提供了很好的例子。

日本垃圾分类之精细举世闻名，其分类体系的设置可以用"强迫症"来形容。1980 年日本开始针对资源类垃圾进行回收试点工作，为保障回收资源的高效性，日本对垃圾制定了严格且十分细致的分类标准，日本各地对于垃圾分类的规定稍有不同，但基本上都细分到 10 种以上。

日本垃圾分类制度的主要特点有以下两个方面。

首先，操作流程规范可行。除了对垃圾类别进行细分，日本城市还规定了各类垃圾的回收方式与回收日期。例如，在回收方式方面，长崎市规定餐厨垃圾要沥干水分且用报纸包好，装在橙色垃圾袋内；棍棒类垃圾可以砍成碎段，大约 50 厘米并将其捆绑；家电类大型垃圾要提前进行电话预约，并交付规定标准的"垃圾处理费用"，或者从便利店购买垃圾处理券；塑料瓶类垃圾中可以回收的要揭下

瓶身商标，拧下瓶盖，对瓶内进行冲洗、压扁之后再装入垃圾收集袋中；等等[①]。在回收日期方面，则规定了不同类别的垃圾回收日期，如回收可燃类垃圾在周一，回收塑料瓶类垃圾在周二，回收旧报纸、纸盒类垃圾在周三。如果居民没有能够及时处理垃圾，那么就只能等到下一周，这也在很大程度上培养了居民及时进行垃圾回收处理的自觉意识。

其次，责任明晰，保障有力。日本《废弃物处理法》明确了政府在垃圾治理过程中应当承担的责任，加重了对不按规定乱扔垃圾行为的惩罚力度。同时对随意处理垃圾的行为进行监管，成立了由志愿者队伍组成的街头巡查队，检查垃圾袋中的垃圾分类是否准确；一些地区还实行垃圾袋购买实名制，以方便对不按规定处理垃圾的行为人追责（吕维霞和杜娟，2016）。

如此细致严格的管理制度促使日本公众逐渐养成了垃圾分类处理的良好习惯，在降低垃圾治理成本的同时，也有利于循环社会的建设及发展。

5.1.2　强调生产者责任

在我国，企业的参与多在垃圾的收运和处理阶段，而在源头减量理念倡导方面和生产者责任等方面作用发挥不足，对生产者责任虽有相关规定，但实际执行情况较差。国外多数发达国家采用了严格的"生产者责任延伸"制度——将生产者对其产品承担的资源环境责任从生产环节延伸到产品设计、流通消费、回收利用、废弃物处置等全生命周期的制度——从源头上控制垃圾产生量、危害，也规定了企业回收自己产品产生的废弃物的责任。其中，包装回收、电子废弃物回收处理领域的法律规定尤为突出。

1991 年 6 月 12 日，德国颁布实施了《德国避免和利用包装废弃物法》（以下简称《包装法》），规定要尽量避免包装，努力限制或消除包装材料的使用；对无法避免的包装材料，要多次反复或者作为原料再利用；更重要的是在世界上首次用法律形式要求包装材料的生产者和销售者承担义务，即包装的生产者与销售者必须对他们引入到流通领域的废旧包装物承担回收和再生利用的义务（朱秋云，1999）。《包装法》还规定产品包装材料必须由专门公司回收处理。实际上，在《包装法》颁布之前的 1990 年，一家该法律所要求的"专门公司"——绿点-德国回收利用系统股份有限公司（Der Grüne Punkt-Duales System Deutschland GmbH，DSD）就已经成立。DSD 在德国工业联邦联合会和德国工商会的倡导下成立，由大约 95 家工商企业组成，旨在建立一个平行于地方政府环卫系统的包装物回收系统，将具有再生价值的废弃包装物回收并重新利用。DSD 承担了所有企业的义务，

---

① 根据长崎市垃圾分类一览表整理所得. http://www.city.nagasaki.lg.jp/shimin/140000/142000/p022872_d/fil/gomibunbetsuichiran29.pdf[2018-03-30].

并使它们从自己回收再利用的义务中解脱出来（朱秋云，1999）。DSD 向企业颁发"绿点"（Der Grüne Punkt）商标许可证——印制在商品包装上的商标，作为垃圾回收处理的许可标志。产品生产商、包装生产商、贸易商和进口商等根据包装商品的重量、包装材质和数量等，向 DSD 缴纳一定数额的费用，这些费用必须用于消除污染的服务。

德国的做法很快被欧盟采纳。1994 年，欧盟发布"包装和包装废弃物指令"。根据这项指令，任何未加入"绿点"回收系统的公司，都必须自行负责回收其售出商品的包装废弃物。从德国开始的"绿点"回收系统，已经推广到欧盟地区 20 多个国家，十几万家企业。2008 年 4 月，德国颁布了《包装法》第五次修正版，从 2009 年 1 月 1 日起开始实施。此次修订的主要目的是进一步规范义务和市场机制，规定以商业目的将包装物（包括填充物等）带入德国市场的生产者和销售者，除非自己回收处理所销售的包装，否则需要在有覆盖范围的回收体系注册，并支付处理费用。如果生产者和销售者故意或者不小心将使用未注册包装的商品出售给最终消费者，也不能提供自己回收处理的证明的，将被视为不正当竞争，需要承担法律后果——一方面要考虑其同业竞争对手或律师的法律警告，另一方面要面临罚款的风险。《包装法》规定，这种违法行为等同于违反德国垃圾循环法的相关规定，每次将被处以最高 50 欧元的罚款（戴宏民，2002；陈思和朱海龙，2009）。

可见，德国及欧盟其他国家对于生产者和销售者在废弃物方面的责任规定非常清晰，执行也十分严格。近年来，生产者责任制度在我国也开始得到重视，政府正在逐步努力完善和推行。2011 年以来，我国也在部分电器电子产品领域对生产者责任延伸制度进行了探索并取得了一定的成效。国务院 2016 年 12 月印发了《生产者责任延伸制度推行方案》（以下简称《方案》），《方案》确立的工作目标是："到 2020 年，生产者责任延伸制度相关政策体系初步形成，产品生态设计取得重大进展，重点品种的废弃产品规范回收与循环利用率平均达到 40%。到 2025 年，生产者责任延伸制度相关法律法规基本完善，重点领域生产者责任延伸制度运行有序，产品生态设计普遍推行，重点产品的再生原料使用比例达到 20%，废弃产品规范回收与循环利用率平均达到 50%。"《方案》规定了生产企业担负的责任范围是开展生态设计、使用再生原料、规范回收利用和加强信息公开。其中，"规范回收利用"要求"生产企业可通过自主回收、联合回收或委托回收等模式，规范回收废弃产品和包装，直接处置或由专业企业处置利用。产品回收处理责任也可以通过生产企业依法缴纳相关基金、对专业企业补贴的方式实现"。"加强信息公开"要求生产企业"将产品质量、安全、耐用性、能效、有毒有害物质含量等内容作为强制公开信息，面向公众公开；将涉及零部件产品结构、拆解、废弃物回收、原材料组成等内容作为定向公开信息，面向废弃物回收、资源化利用主体公开"。《方案》综合考虑产品市场规模、环境危害和资源化价值等因素，确定了重点任务为"率先确定对电器电子、汽车、铅酸蓄电池和包装物等 4 类产品实施生产者责任延伸制度。在总结试点经验基础上，适时扩大产品品种和领域"（国务院办公厅，2016）。

不过，我国生产者责任相关的立法还是很不充分。一方面，尽管呼吁了十多年，但我国目前还没有关于避免和回收包装废弃物的专门法律；另一方面，一些法律虽然初步规定了生产者责任延伸制度，但规定的力度和执行的收效都不足。例如，《中华人民共和国清洁生产促进法》中，要求生产、销售被列入强制回收目录的产品和包装物的企业，必须在产品报废后和包装物使用后对该产品和包装物进行回收。其中对于生产者在回收中的责任，只是针对强制回收目录中的产品和包装物，涉及的废弃物有限。《方案》中，无论是对于废弃产品规范回收与循环利用率的目标设定，还是重点领域的选择，标准和范围都还是比较低的。相比之下，德国《包装法》规定的回收范围，仅材料类废弃物就涉及木材、塑料包装、镀锡板（马口铁）、玻璃、纸/纸板/纸箱等多个种类，而且第五次修正版虽然调低了不同包装材料的再生利用率，要使总体再生利用率达到 65%，但实际德国的包装材料再生利用率早已超过上述规定（陈思和朱海龙，2009）。

5.1.3　注重公众参与的有效性

国内外城市垃圾管理做得比较好的地方，往往特别注重公众参与，并想方设法切实提高公众参与的有效性。

第一，关注社会文化的转变和建设。例如，20 世纪 80 年代末，在美国和加拿大普遍出现垃圾填埋危机的情况下，加拿大的新斯科舍省哈利法克斯市也遭遇了这一危机。由于媒体的持续关注，这一问题引起了国家层面的重视，促使原来属于地方政府责任范围的问题变成了国家、省和地方政府都要回应的问题。加拿大环境部长理事会制定了两项固体垃圾的减排目标，省及市政当局也都开始采纳着力于固体垃圾的减少及修复的战略。省市两级政府的固体垃圾战略共同的要素是将无价值的垃圾残余转变为有价值的资源，这是一个重要的范式转换。西方社会已经变成了一个"随便丢弃"的社会，这种随便丢弃的文化以可随意处置性和便捷性为根基。因此，新斯科舍省和哈利法克斯市政府的垃圾管理战略，力图转变这种内在的垃圾文化建构，将垃圾管理方式由忽视和处置转变为减量与回收。为了获得公众的支持，新斯科舍的环境控制中心举办了听证会，并通过大力宣传，使公众了解面临的情况，并通过制定相关法律对公众行为进行规范。此外，新斯科舍还通过固体垃圾治理项目来创造新的就业。省市两级政府的战略都获得了成功，显著减少了垃圾处理量，同时获得了环境和经济效益，引起了国际范围的关注和赞赏（Wagner，2008）。在这个案例中，管理者没有将政策的焦点放在如何更好地进行填埋上，而是对垃圾文化进行重新定向和引导，减少垃圾的生产及丢弃，促进回收利用。

第二，从居民立场出发，为居民参与创造便利条件。例如，丹麦的垃圾管理者认为，分类是垃圾处理问题的关键，而分类的主体则是社区居民，所以要创造条件，使社区居民不把垃圾分类作为生活负担，进而逐步适应垃圾分类并自觉遵守。社区垃圾管理者和垃圾管理公司还通过问卷调查，充分了解居民对日常家庭废弃物的态度和行为习惯，并有针对性地采取对策。比如，重点开展对老人和公寓居民的宣传教育；从个人经济利益出发而不是纯粹以环保为目的进行宣传；垃圾分类计划更多地考虑老人的体力，安排适合老人的方式；社区把垃圾回收工作做到每个居民的家门口，包括增加社区直接到住户家中收集大型垃圾和庭院垃圾的次数；为居民免费提供或出租、出售堆肥容器，创造就地处理有机物垃圾的条件；在公寓区内设置更多的垃圾容器，促使硬纸板、玻璃等垃圾回收量的提高；等等（杨叙，2003）。

第三，注重公众决策参与的实效。在大多数的发达国家里，公众的健康不再是垃圾治理的主要内在推动力，关注的重点在于垃圾治理实践方案的最优化，追求更高层次、更广范围的资源保护。目前很多国家采用的整体环境治理，是一种宏观的、整体的治理模式，是一种"环境更高效、经济可负担、社会可接受"的方式，其中，社会可接受是非常重要的指标。位于安大略省的加拿大城市伦敦（London，Ontario），实行垃圾分类回收制度，蓝色垃圾桶里收集回的可回收的材料被送到材料修复工厂，然后做成新的产品输送至市场中，98%的可回收材料都被市场重新利用，只有2%到了垃圾填埋地。这样高效率的城市垃圾治理系统，就是建立在广泛的公众支持的基础之上的。该市所有的垃圾治理的措施、策略都面向公众征求观点和意见，并且，公众的意见都会在政策制定的时候体现出来，他们可以很清楚地知道自己的意见被采纳了与否，被采纳了多少。这种当局与公众进行及时、有效沟通的方式，可以让公众感受到自己的重要性，意识到自己可以出一份力，会提高公众参与的积极性，确保个体公众和市政府人员都把自己纳入到垃圾治理系统中来，使得系统更加稳固（Asase et al.，2009）。

从国外一些不太成功的案例中，也可以发现公众参与垃圾治理需要注意的问题。以印度的一个公众参与计划为例，印度环境与森林部在2000年9月25日的一个通知中，引入了公众参与城市垃圾管理决策的概念，将一般公众参与垃圾管理的行为限制在垃圾分类中。不过，在这个通知中，实质性的公众参与并未得到预期，在现实中，决策过程中的一般公众参与也并没有实现（Pradhan，2009）。同时，由于印度政府部门提供的市政业务在数量和质量上都呈下降的趋势，公众社区参与体制在处理家庭废弃垃圾时就经常被提及，但是这一体制只适合于大规模的集体参与，在一些小的地区，人数较少，其持续性就不能被保证。此外，在印度公众社区参与体制中，较多的是社会公众的参与，很少有企业加入，如果有的话也只是集中于二次回收上；在完成一个项目后，社区参与体制的持续性很难被保证。在印度加尔各答大都市区的巴拉纳加尔市的实践和探索中，针对这些问题，项目实施者建议政府与私人部门和民众分享责任，同时这种参与体制也要被修正。例如，对于私营部门参与到垃圾处理过程，提供服务要给予激励性的措施，如物质奖励；在固体废弃物管理计划中，采用垃圾再循环的方法要结合当地的气候、垃圾特点、社会经济地位及所在地的文化习惯（Chakrabarti et al.，2009）。

5.1.4　NGO 积极推动重要政策的出台

在一些国家和地区，社会组织在垃圾治理中发挥的作用不仅停留在宣传、教育和培训等方面，而且能够推动一些重要政策的出台。例如，我国台湾地区的社会组织，就在推动餐厨垃圾回收法规化问题上，发挥了主要的作用。

1957～1977 年，我国台湾地区县市政府开始将垃圾集中收集处理，并兴建了22 座大型堆肥场来处理家庭垃圾，市区的垃圾就在未经分类情况下送入堆肥厂。但随着台湾工业化脚步越来越快，家户内所生产的垃圾，出现了越来越多不再能仅靠自然作用就达到分解的成分，如此也导致了堆肥场所生产的肥料混杂了许多杂料，质量不佳，渐渐因不符合农作所需而滞销。原本能自负盈亏的堆肥厂，陆陆续续地关闭了。在这样的背景下，自 20 世纪 80 年代始，台湾的垃圾一直找不到好的后端处理去处，也渐渐出现了越来越多的垃圾抗争。而从县市政府的角度来说，有了前段失败的堆肥经验，同时也认为台湾民众不易接受倡导而配合，因此有很长一段时间非常抗拒将餐厨垃圾等有机垃圾回收并制作成堆肥。20 世纪 90年代，NGO 及许多地方小区，从生活中的观察或是历年的垃圾成分分析数据得知，餐厨垃圾等有机垃圾大概占家户生活垃圾的三成比例，也是垃圾恶臭、腐败的来源，如果不加以处理将会连带影响其他垃圾难以进入有效的筛分处理流程。1995年开始，NGO 开始着手尝试小规模的餐厨垃圾回收，并且和地方农户合作进行末端堆肥的处理。例如，宜兰环保联盟开始在当地推动餐厨垃圾回收工作，结合学校和地方小区以民间的力量推动尝试；绿色公民行动联盟也联合主妇联盟在台北地区进行餐厨垃圾回收实际操作的研究、倡导和倡议。随着民间尝试的逐步增加，一些县市政府也开始协助中间清运的工作，将回收点和堆肥点连接起来。同时，NGO 在媒体上倡议，要求县市政府将餐厨垃圾列为回收物。在这个过程中，民间团体自力更生，摸索出一套收集、分类、处理的方法，向公共部门和社会证明可行性。接着，通过媒体进行社会教育，让社会理解到餐厨垃圾可以不再只是难以处理的"烫手山芋"，经过妥善的处理，餐厨垃圾可以有利于永续农业的推动，让公共部门能放心地逐步建置配套措施，进而全面上路①。这个成功案例，为我国大陆地区社会组织参与垃圾治理提供了经验借鉴。

5.1.5 政府与社会全面建立伙伴关系

在一些发展中国家，为了解决垃圾问题，城市政府从宏观上进行了战略选择，与 NGO、社区和私人企业等建立全面的伙伴关系。乌干达的坎帕拉市就提供了这样的案例。

乌干达是联合国人居署确定的优先发展千年计划的区域之一。在其首都坎帕拉市，恶劣的卫生条件与固体废弃物管理是最紧迫的和最具有挑战性的环境问题。乌干达政府意识到坎帕拉当地政府在提供足够的医疗卫生和固体废弃物管理方面存在限制，为了加强医疗卫生和固体废弃物的管理，政府与 NGO、社区组织和私营公司都建立了伙伴关系。坎帕拉的城市委员会于 1997 年设计了一个政策计划，即战略框架改革，主要内容之一是将原来由政府提供的服务转由私营部门提供，城市委员会将主要精力集中在规划、规范、监督和监测上，以确保服务交付质量和足够的覆盖率。随后，在 1999 年制订了城市固体废弃物管理的行动计划，并于 2000 年通过了一个新的固体废弃物条例，以确保该计划的实现。这个行动计划的核心，就是私营部门和当地社区、NGO 共同参与城市固体废弃物管理与规划。实际上，NGO 和社区在提供城市服务中的重要性，在 1995 年宪法、1997 年地方政府法案、1997 年坎帕拉宣言，以及其他各种各样的公共卫生和固体废弃物管理项目中都已经被认可。私营部门参与城市服务的提供不仅是乌干达的特有现象，在整个非洲大陆，这种方式都在快速增加。

在乌干达，几乎所有的 NGO 和社区组织都参与了医疗卫生的提供与固体废弃物的管理，四分之三的国际 NGO 也会参与和政府部门的合作。但是不同的非营利组织与政府部门合作的形式和内容都不一样。一些非营利组织参与城市垃圾的收集，坎帕拉当地政府会提供一个车辆每月运送一次垃圾；国际非营利组织和政府的合作则往往采取更正式的形式，如政府与非营利组织和社区组织建立合约，分区清扫城市垃圾。这些组织是深度参与，不再局限于贫困社区的一些小项目。

"有效的卫生和固体废弃物管理只能通过政府机构、NGO、社区组织和私营企业的合作才能实现"这一观念已经被非洲城市所接受，环境合作伙伴的理念也成为共识。当然，合作想要获得实质性的成功也并不容易。例如，NGO 和社区组织参与就存在着以下主要障碍：缺乏资源，依赖捐助，中央政策偏好正式的大规模的私营公司，以及缺乏政府认可。也就是说，在参与实践中，鼓励 NGO 和社区

---

① 两岸垃圾政策实务交流与循环型经济产业调研系列一：台湾垃圾全记录报告. http://www.docin.com/p-2004972743.html[2017-08-30].

组织参与的政策主张，对这些组织并没有太大的帮助。因此，在政策规定、决策过程和政策实施中，仍然需要反思和改革（Tukahirwa et al.，2010）。

5.2　我国公众参与城市垃圾治理的促进

国内外城市垃圾治理中的公众参与经验给我国公众参与的进一步发展带来了启示，结合我国社会经济发展的实际，笔者认为，我国政府和各参与主体，应该在"城市垃圾治理迫在眉睫""政府与公众对城市垃圾治理都负有责任""城市垃圾治理中公众参与必不可少且至关重要"等共识基础上，各自更好地担负责任，采取行动，共同推动城市垃圾治理中公众参与的深化发展。

5.2.1　政府：完善公众参与的制度，为公众参与提供支持

在我国现有的政治经济和社会条件下，在相当长的一段时间里，城市垃圾治理中的主导性角色仍将是政府，而垃圾治理中公众参与则必不可少。因此，政府应当不断完善公众参与的制度设计，并为公众参与提供各种必要的支持。其中，不同层级的政府，发挥作用的领域不尽相同。

1. 中央政府：做好顶层设计

中央政府的主要责任是做好顶层设计。

第一，对公众参与的总体方向和具体目标加以明确与强调，通过制定法律法规等，不断完善公众参与制度。其中，在法律法规方面，对垃圾减量、生产者责任延伸、垃圾处理设施运行阶段的公众监督等应当给予重点关注，同时通过法律的修订或法律实施的配套性文件，强化法律法规的可执行性。鉴于地方领导干部对废弃物管理问题的认识至关重要，在干部考核机制方面，应加大垃圾治理中公众参与程度的考核力度，增强领导干部对公众参与的认识和意识。

第二，在全国范围内的政策（如垃圾分类政策）推动的过程中加强对公众参与的强调。

第三，对居民的生活和消费方式进行政策引导与宣传教育，鼓励"绿色消费"，引导公众转变观念，建设"垃圾文化"。在我国，历来缺少与排泄物、抛弃物有关的"下水道文化"。在物质产品日益丰富、人们生活水平越来越高而环境承载力越来越遭遇挑战的今天，有意识地构建"垃圾文化"，提高人们对垃圾的认识，将是城市垃圾有效治理必不可少的文化基础。在学校教育方面，可以通过与建设部门、环境部门和教育部门等部门的合作，推动废弃物管理教育与学校的相关课程相结合。

第四，在继续资助和培育社会组织发展的同时，给予其更大的参与空间和机会，聆听他们的声音，采纳他们的合理化建议，鼓励他们的参与行为，充分调动社会组织的积极性。

第五，加快城市垃圾治理产业链的构建，为各环节的公众参与提供无缝连接，保障公众参与的积极性和有效性。

2. 省区市政府：保障法律实施，鼓励技术创新

省区市政府的主要职责是保证国家与城市垃圾治理相关法律的实施，并加强省域范围内相关法律和制度建设，促进公众参与，同时为公众参与提供专业和技术支持。省区市政府的积极探索，也可以为国家级法规政策的制定提供参考。

3. 城市政府①：担任具体落实职责

城市政府是城市垃圾治理的直接责任者，在促进公众参与中担负着更为具体的职责。

第一，城市政府应该建立"可持续的废弃物综合管理"理念，充分重视公众参与的重要作用。可持续的废弃物综合管理的重点是：所有主要利益相关者都参与全部废弃物系统内容的综合规划过程（从产生到最终处置，并包括这二者之间的所有步骤，如废弃物减量、循环利用、重复利用和资源回收）并对系统的各个方面都予以重视（如机构、财务、监管、社会与环境方面）（Hoornweg et al., 2005）。可持续的废弃物综合管理战略的制定依据一般是"废弃物管理的分级"（减量—重复使用—循环利用—堆肥—处置）。废弃物管理分级提倡废弃物管理的最佳途径是首先尽量减少废弃物产生量，并在源头对可循环利用物质进行分离，提高重复利用物质的质量，包括用于堆肥或厌氧消化的有机物。不能减量的应该尽可能重复使用。不能减量或重复使用的部分应该进行循环利用，特别是二级原料，如金属和纸。不能循环利用的废弃物应该进行再生，一般是通过微生物分解再生（如通过堆肥或厌氧消化，对可生物降解的有机物进行再生）。废弃物的分级能够减少转运和处置量，延长填埋场的使用时间，减少对不可再生原料的开采，为工业提供本地的原料供给，减少对森林的砍伐，减少温室气体产生量，提供有价值的再生资源（如沼气和堆肥），提供就业和收入；并通过废弃物减量和源头分类，使所有废弃物产生者直接参与环境改善过程。

第二，执行国家和省级法律、法规和政策，同时制定地方法规和政策。比如，《规划环境影响评价条例》（2009 年 10 月 1 日起施行）中规定，"规划编制机关对可能造成不良环境影响并直接涉及公众环境权益的专项规划，应当在规划草案报

---

① 事实上，越来越多的县城也开始重视生活垃圾治理。这里提到的城市政府的职责，除超出县政府的权限的部分，也可以适用于县政府。

送审批前，采取调查问卷、座谈会、论证会、听证会等形式，公开征求有关单位、专家和公众对环境影响报告书的意见""有关单位、专家和公众的意见与环境影响评价结论有重大分歧的，规划编制机关应当采取论证会、听证会等形式进一步论证"。那么，城市垃圾管理规划（包括设施建设）需要进行环境影响评价规划的，就应按法律法规的要求，保证公众的参与权。

　　第三，市政府应该努力使公众了解他们的权利和责任。一方面，畅通决策参与渠道，并通过互联网拓宽参与渠道，对公众的意见予以回应，及时沟通；另一方面，在考虑公众承受能力和接受能力的前提下，让公众担负一定的责任，如为垃圾回收处理付费，进行垃圾分类等。

　　第四，保证垃圾管理相关信息的透明度，为公众参与创造更多便利条件。根据《中华人民共和国政府信息公开条例》和生态环境部公布的《环境信息公开办法（试行）》，城市垃圾管理部门应通过主要的信息公开途径，主动公开相关规范性文件的文本，如法律、法规、规章、标准、规划等；汇总与自身职能相关的文件，方便公众查阅；主动公开垃圾处理链条上各个环节的垃圾量、组分和处理成本，以及地方废弃物管理项目和设施地点的信息，以使公众对城市垃圾状况有基本的了解，增加参与的积极性和方向性；公开垃圾处理的经济核算制度、垃圾处理设施的环境信息等，方便公众参与监督。

　　第五，根据城市自身情况，选择适合本市的垃圾处理方式，同时引导公众参与。由于经济发展水平和社会文化的差异，各城市在垃圾产生量、组分、家庭自身的回收利用等方面都会有很大的差异。比如，有的城市垃圾中餐厨垃圾较多，含水量大；北方一些以煤炭为主要生活燃料的城市，垃圾中的煤灰含量则比较多；有的城市，许多居民对废品的回收利用不十分在意，而在另一些城市，情况可能相反。垃圾分类在一些城市的接受度、操作度可能较高，而另一些城市的情况可能不同。南方城市垃圾的热值比较高，有利于焚烧，而一些经济发展水平一般的北方城市，垃圾的热值则较低，垃圾焚烧发电企业可能亏损（因此未必适宜采用焚烧的方式。这一点在笔者对北方某省会城市政府垃圾管理负责人的访谈中，得到了该负责人的认可）。因此，在设计公众参与的框架方案时，须结合城市的实际情况，选择适宜本地的参与方式和方法，找到突破口，同时弥补短板。

　　第六，市政府应该提供稳定的、具有吸引力的投资环境，提供明确的政策支持，并减少市场风险，为企业参与城市垃圾治理提供良好的环境。市政府应结合自身财政状况，为企业提供必要的政府补贴，并充分重视互联网的作用和现代信息技术，鼓励和扶持企业的技术创新。

　　第七，确保广泛、全程的公众参与。全过程参与意味着，公众不是在某一个项目中，也不是在政策过程的某一个阶段才参与，参与不能是临时起意的，而应该通过制度化的设计，确保公众从决策到实施和监督的全过程参与。鼓励城市组织广泛的主要利益相关者参与垃圾管理计划的编制，就是在编制垃圾管理计划时，采纳公众咨询环节，并确保该环节合理的时长。

5.2.2　企业：增强责任感并承担更多的责任

首先，承担生产者责任。一方面，按照法律法规的要求，执行生产者责任延伸制度；另一方面，由于我国生产者责任制度还远未完善，仍然有大量的生活垃圾未纳入其中，同时，随着快递业等新兴行业的迅猛发展，快递垃圾等增长迅速。企业应该注重自己的社会责任，主动承担环境责任，尽快找到源头垃圾减量、回收和循环利用的方案并实施。

其次，承担技术创新的责任，不断为垃圾治理提供更好的技术；充分利用互联网技术，开发"互联网+"城市垃圾治理的新途径。

5.2.3　环保 NGO：积极参与，提高能力，发挥亲民优势

第一，更积极地参与垃圾治理事务。事实证明，环保 NGO 参与城市垃圾治理，对城市垃圾治理的效果、效率提升来说是必不可少的。反过来说，社会组织介入垃圾议题，对其自身的成长也有很大的帮助，因为垃圾议题是"难得的可以自下而上进行社会建设的平台"。尤其是生活垃圾问题，可以而且必须自下而上建设才能带来真正的改变（刘海英，2011a）。因此，社会组织应抓住当前的契机，更多地参与到城市垃圾议题中来。

第二，提高专业性，增强行动力。社会组织需要加强理论和实践研究，提高自身在垃圾事务上的知识水平和行动水平，以更好地进行宣传、教育培训和具体操作的技术指导，从而提高公众参与的效果，并促进公众参与意愿的维持和行为的可持续性。

第三，督促和监督企业行为。以要求企业建立产品全生命周期为例，虽然国家已经在政策方面做了初步要求，但是要让企业马上自觉自愿去做是不现实的。因此，有必要借外力来推动。即便是苹果这样的世界性大公司，也是在环保 NGO 的外力强制推动下，在中国建立绿色供应链的。因此，应该重视借助第三方的力量，推动企业建立绿色生产销售理念并使之成为整个产业链中的一环。

第四，在政府和直接利益相关的居民间扮演协调者角色，为专家、企业和社区搭建平台。利用比政府更亲民的地位，引导公众参与垃圾治理的各类工作。

第五，扮演代言人角色。拾荒者是垃圾减量中很重要的组成部分，但是即使是关注垃圾问题的环保 NGO，也常常无视拾荒者的作用。环保 NGO 需要为拾荒者代言，呼吁社会关注这个群体的生存状态，尊重他们的工作（刘海英，2011b）。

5.2.4　个体公众：承担责任，为公益而参与

作为城市垃圾的主要生产者，我国城市中的普通个体公众在垃圾治理中承担的责任远远不够。除了在试行垃圾分类的区域对垃圾进行分类，以及为垃圾处理付费外，大多数个体公众基本上没有为垃圾减量采取行动，除了将有经济价值的废弃物作为废品卖掉外，也很少主动进行垃圾分类。全国各地引人注目的垃圾抗争事件，都是因为与自身利益相关，行动也仅停留在健康、经济层面，具有地域性和阶段性特点。当自身的目标得到一定程度的实现，如项目改建或者暂停，个体公众就不再关注垃圾议题。也就是说，个体公众是在为私利而战，而没有将垃圾事务当做一个公共事务、出于公益的目的而参与。因此，城市中的个体公众应该深刻认识自己在城市垃圾治理中的责任，为公益而参与。

总之，我国城市垃圾治理中的公众参与已经得到一定程度的发展——在一些政策的决策过程中有了意见表达的机会，在具体政策执行的过程中除了履行政策规定的义务，也有机会提供相关产品和服务；甚至在一些项目中获得了监督企业运行的机会。不过总体而言，城市垃圾治理中的公众参与尚处于较低层次，各地发展也不平衡。笔者认为，我国城市垃圾治理中的公众参与的发展方向应该是：中央政府进行鼓励公众参与的顶层设计—省区市政府保障国家法律实施—城市政府具体操作，各级政府与环保 NGO、企业和个体公众建立基于信任的合作关系，不断深化公众参与的广度、深度和有效性，增强参与主体间的多元互动，最终走向城市垃圾的合作治理。

第 6 章　城市垃圾分类中的公众参与
——政策工具的视角

　　垃圾分类，是指按照垃圾的组成成分、后续利用价值和潜在环境影响，实施分类投放、分类收集、分类运输和分类处理的一系列垃圾处置行为。目前，垃圾分类已被公认为实现垃圾减量化、资源化和无害化的重要手段，在许多国家，垃圾分类都已成为一项重要的公共政策，我国也于 2000 年正式开始城市垃圾分类政策试点。作为一项公共政策，城市垃圾分类有自己的政策目标，而政策工具，就是达成政策目标的具体方式和手段（陈振明，2003）。城市垃圾分类政策目标的顺利实现，需要正确的政策工具选择和组合，其中，参与型政策工具必不可少。本章将以政策工具为研究视角，对城市垃圾分类中的公众参与进行分析，探讨作为政策工具的公众参与在我国的应用情况及其促进措施。

6.1　垃圾分类先进国家和地区生活垃圾分类概况

　　西方发达国家城市垃圾治理历程呈现出由简单到复杂、由低级到高级的发展轨迹。伴随着这个治理历程，公众对垃圾问题的认识不断深化，政府包揽的末端治理模式向公众参与的源头分类减量和资源化利用方向转变。20 世纪 70 年代以前，西方国家垃圾治理更多的是从卫生防疫和城市市容角度考虑，对生活垃圾实施堆积后清运处理，在郊区进行垃圾填埋，但仍有大量的垃圾闲置，未得到及时处理。20 世纪 70 年代，伴随世界范围内工业文明的发达国家面临资源危机及环境保护运动的兴起，各国在立法议事日程中都特别强调对垃圾的处理，减少环境的影响。20 世纪 70~80 年代以来，面对垃圾数量的急剧增长，政府作为垃圾处理的主要运行机构，采用混合收集之后再进行分类的方式，将有用资源回收利用，废弃物资源采用焚烧、填埋等方式进入末端处理。20 世纪 90 年代以来，实现垃圾源头分类、资源回收和无害化处理在全社会达成了基本共识，为此政府积极完善垃圾分类和资源回收的法律，完善垃圾治理过程各环节的衔接，为社会各主体参与垃圾治理提供保障和支持。21 世纪以来，垃圾分类更加注重公民的参与和资源的循环利用，同时互联网技术被应用于垃圾治理过程中，使得垃圾分类机制更加完善。西方发达国家城市垃圾管理发展历程见图 6-1。

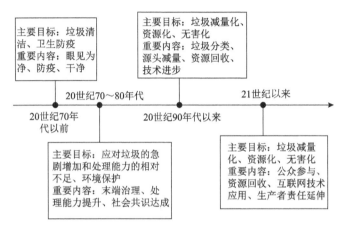

图 6-1　西方发达国家城市垃圾管理发展历程

资料来源：冯亚斌和张跃升（2010）

6.2　我国城市垃圾分类政策及执行概况

2000 年以来，垃圾分类一词逐渐在我国流行。实际上，早在 1957 年我国尚处于物质匮乏年代时，北京就曾倡导过垃圾分类——1957 年 7 月 12 日，《北京日报》头版头条刊登了一篇名为《垃圾要分类收集》的文章，要求废报纸、旧衣服、水果皮、火柴盒、牙膏皮等按照要求进行分类回收。不过，当时垃圾分类收集的主要目的是节约资源、节俭度日，而不是出于环保意识，与今天的垃圾分类内涵不完全相同。

自从 20 世纪 90 年代以来，北京、上海、广州等大城市开始出现"垃圾围城"的现象，政府逐渐认识到垃圾分类对城市垃圾治理的重要性，2000 年 6 月，建设部指定国内八个大城市作为垃圾分类收集的试点城市，希望这些城市在试点过程中，找出适合本地的城市垃圾分类的道路，同时为国内其他城市提供经验。此外，国内某些经济发展迅速的城市如青岛、苏州等，也根据城市发展需要响应政策，开始了垃圾分类收集的自主尝试。

6.2.1 试点城市垃圾分类现状

1. 分类方式

2000 年以后，八个试点城市根据城市发展实际，对城市垃圾分类方式进行了明确（表 6-1），分类方式更多是为了配合末端处置。

表 6-1 试点城市垃圾分类方式概况

分类方式	分类目的	代表城市
餐厨垃圾/可回收物 有害垃圾/其他垃圾	①将可回收利用的废弃物做好回收处理 ②将对环境有害的垃圾单独分离处理 ③将餐厨垃圾进行分离并单独处理	北京市、厦门市、深圳市、 杭州市、桂林市
可回收物/有害垃圾 其他垃圾	①回收可回收废弃物进行资源化处理 ②将对环境有害的垃圾单独分离处理	上海市、南京市、广州市

随着试点工作的进一步推进，某些城市对城市垃圾分类方式进行了调整和优化，如广州和南京。在《广州市城市生活垃圾分类管理暂行规定》(2011 年) 和《南京市生活垃圾分类管理办法》(2013 年) 中，根据分类实际经验和末端处理方式的改变，将城市垃圾分类方式重新分为四种，也就是可回收物、餐厨垃圾、有害垃圾和其他垃圾。

2. 分类投放情况

从试点城市垃圾分类投放情况来看，各个城市的情况各不相同，城市中各分类试点小区的情况也各不相同。概括而言（表 6-2），通过居民主动分类和分拣员的二次分拣，北京市试点小区基本上可以实现将城市垃圾分为四大类投放；上海市和杭州市试点小区部分可以做到分类投放，但小区发展各异；广州市试点小区和学校基本可以实现分类投放；其他城市如南京市、厦门市和深圳市等虽然设置了分类垃圾桶，但是小区的分类投放效果不佳，居民以随意混合投放为主；桂林市按照传统方式混合收集，未在小区设立分类垃圾桶。同时，各个城市在街道、公共场所设置的主要是可回收和不可回收垃圾桶，但分类投放效果不佳。

表 6-2 城市垃圾分类试点城市分类投放概况

序号	城市名称	分类投放效果	详细描述
1	北京市	基本实现	居民主动分类投放和分拣员二次分拣，试点小区可以做到 城市垃圾按照分类标准投放
2	上海市	部分实现	试点小区部分可以按照分类标准进行投放；废弃玻璃和 废旧电池基本实现单独处理
3	广州市	基本实现	试点小区基本实现按照分类标准投放；学校实现可回收物分类投放
4	深圳市	未实现	垃圾混合投放
5	杭州市	部分实现	试点小区部分可以做到分类投放；但大多数小区以混合投放为主

续表

序号	城市名称	分类投放效果	详细描述
6	南京市	未实现	垃圾混合投放
7	厦门市	未实现	垃圾混合投放
8	桂林市	未设分类容器	上门收集（混合收集）

资料来源：黄志强（2014）

3. 分类收运情况

前期，试点城市对城市垃圾分类运输准备不足，由于不具备分类运输的条件，分类投放后的城市垃圾在运输过程中又变成了混合运输，成为打消居民分类积极性的因素。后期，试点城市开始重视分类运输设备的投入。北京市要求开展垃圾分类收集的区县配置专用的分类收集运输车，在前期小型人力车分类收集后，通过餐厨垃圾专用车和其他垃圾分类专用车运输；上海市对玻璃、有害垃圾进行单独收运，并且设置了分类收运时间告知牌；其他几个城市或者没有配置专门的分类收集运输车，或者是前期的分类投放效率太低，使得后期分类运输难度太大，导致这些城市主要是混合运输（表 6-3）。

表 6-3　城市垃圾分类试点城市分类收运概况

序号	城市名称	转运方式	分类收集运输
1	北京市	直运+转运	收集：小型人力车分类收集 运输：餐厨垃圾实行专用车运输；有害垃圾和可回收物单独处理；其他垃圾利用分类运输车运输
2	上海市	转运为主	收集：保洁员分类收集 运输：其他垃圾、有害垃圾利用垃圾专用车运输；或者同一辆专用车分类运输
3	广州市	转运为主	收集：保洁员分类收集 运输：对有害垃圾、餐厨垃圾和大件垃圾未形成分类运输
4	深圳市	转运为主	收集：保洁员混合收集 运输：混合运输
5	杭州市	直运和转运各占50%	收集：保洁员混合收集 运输：混合运输
6	南京市	转运为主	收集：保洁员混合收集 运输：混合运输
7	厦门市	转运为主	收集：保洁员混合收集 运输：混合运输
8	桂林市	转运为主	收集：保洁员上门混合收集 运输：混合运输

资料来源：黄志强（2014）

4. 分类处置情况

八个试点城市的垃圾分类处置系统之间存在很大的差距，可回收物、餐厨垃圾、有害垃圾和其他垃圾的分类处置与配套设施发展情况不一（表 6-4）。从废弃物回收系统建设来看，北京市通过出台《关于推进北京市再生资源回收体系产业化发展试点方案的实施意见》（2006 年），建立并完善了规范化的废弃物回收示范体系，将回收企业和回收小贩等纳入到体系中。除北京外，其余七个试点城市的废弃物回收系统比较分散，主要依靠行业内自发的市场活动，存在有效规范、监管和资金扶持缺乏问题，使得废弃物可循环利用率有限。餐厨垃圾方面，北京市已经实现了单独的收集和分类运输，其他城市的餐厨垃圾和其他垃圾一起被送入城市垃圾处理设施。从有害垃圾处理来看，如废旧电池、电子废弃物等的分类处置，还没有形成比较规范的回收体系和处理模式，城市之间分类处置各异。

表 6-4　试点城市垃圾分类处置情况

分类方式	分类处置
可回收物	①居民将利用价值高的废弃物卖给小贩或送到回收点，如废纸、塑料 ②物业人员或专门分拣员对居民垃圾进行二次分拣回收，补贴收入 ③城市拾荒者分拣废弃物、回收垃圾桶可用物品卖给回收点 ④北京市建立废弃物回收系统，其余七个城市回收系统比较分散
餐厨垃圾	①北京市实现了餐厨垃圾单独运输和分类处理，且逐渐普及餐厨垃圾分类范围 ②上海市建立了餐饮企业和集体食堂餐厨垃圾收运系统，但未普及家庭餐厨垃圾 ③广州市、深圳市等制定了餐饮业餐厨垃圾管理办法，执行效果不佳
有害垃圾	①各城市明确了相关有害垃圾分类收集、专门运输和专门安全处置，如废旧电池、非药品等 ②从实际运行来看，对有害垃圾进行了单独收集，但并未进入原先规划的处理过程中，而是在仓库储存或者混合处理
其他垃圾	进行可回收物、有害垃圾和餐厨垃圾分离后，进入后续垃圾处理设施

5. 垃圾分类效果

从全国范围来看，我国垃圾分类试点政策实施效果不佳，有的城市甚至曾中途放弃，或者从源头分类转为末端分类。"从公众感知判断，垃圾分类似乎每次都声势浩大地发生在身边，却一次次无疾而终"（陈沙沙，2014）。而导致垃圾分类不能有效进行的直接原因，就是居民未能有效参与。

垃圾分类是一个由多个环节构成的过程，其中，居民的分类投放是第一步，是整个分类过程的基础，而试点的情况表明，居民不按照规定进行分类的情况非常普遍。例如，2010 年，北京市市政市容管理委员会在 600 个试点社区 1.3 万多户居民中进行的垃圾分类调查显示，试点社区当年的城市垃圾虽然首次出现了负增长，但居民投放后由保洁员和垃圾分类绿袖标指导员二次分拣的约占 75.6%。两年后进行的回访显示，情况依然没有多大改变（郑磊，2014）。2012 年，自然之友通过对北京 60 个垃圾分类试点小区的调研发现，在检查的 240 个餐厨垃圾桶中，39%的餐厨垃圾桶内垃圾完全混合，完全分开的餐厨垃圾仅占 1%（陈沙沙，2014）。

2013 年，上海市政协人口资源环境建设委员会完成《关于优化本市生活垃圾分类减量工作机制若干建议》调研报告，该报告指出，志愿者和分拣员二次分拣是分类试点小区的分类率提高的主要力量，有的小区二次分拣率高达六成；在深圳已开展餐厨垃圾分类的示范小区，二次分拣率高达八成。上海市在总结生活垃圾分类中存在的主要问题时，4 个问题中有 2 个涉及居民：一是居民意识与工作推动脱节，居民分类习惯尚未养成；二是社区居民主体作用发挥不足（徐志平，2015）。

6.2.2　我国城市垃圾分类政策的新进展

自 2011 年以来，第三轮城市垃圾分类热潮在全国兴起，中央政府部门对城市垃圾分类工作的重视度进一步提高，采取了许多新的举措，地方政府的城市垃圾分类工作也在全面跟进，其中，以北京、南京、上海、深圳、广州、杭州等大型城市为典型代表。

1. 强化政策依据

在这一次城市垃圾分类政策推进中，一个显著的特点，就是在 2012～2015 年，各大城市纷纷开始为城市垃圾分类立法立规（表 6-5）。

表 6-5　2012～2015 年部分城市垃圾分类法规列表

城市	文件名称	实施日期
北京	《北京市生活垃圾管理条例》	2012 年 3 月 1 日
南京	《南京市生活垃圾分类管理办法》	2013 年 6 月 1 日
上海	《上海市促进生活垃圾分类减量办法》	2014 年 5 月 1 日
深圳	《深圳市生活垃圾分类和减量管理办法》	2015 年 8 月 1 日
广州	《广州市生活垃圾分类管理规定》	2015 年 9 月 1 日
杭州	《杭州市生活垃圾管理条例》	2015 年 12 月 1 日

在表 6-5 中，从名称上看，《北京市生活垃圾管理条例》《杭州市生活垃圾管理条例》是城市垃圾管理的综合型法规，南京、上海、深圳、广州则是针对垃圾分类和减量出台了专门的规范性文件。值得注意的是，杭州市政府最初是以《杭州市生活垃圾分类与减量条例（草案）》为名提请杭州市人大常委会审议，在审议过程中才将名称修改为《杭州市生活垃圾管理条例》的。而在《北京市生活垃圾管理条例》中，专门设立了"减量与分类"一章，《杭州市生活垃圾管理条例》中，则将"源头减量""分类投放"分设为两章。可见，无论是在文件的名称还是内容上，城市垃圾分类和减量都是各大城市政府关注的重点问题，且政策依据得以不断强化。

2. 开展城市垃圾分类示范城市（区）建设

2014 年 4 月，住房和城乡建设部会同财政部、环境保护部、商务部和国家发展和改革委员会下发通知，要求各地有条件的城市（区）积极申报城市垃圾分类示范城市（区）。2015 年，首批城市垃圾分类示范市（区）公布，总共 26 个城市（区）符合条件（表 6-6）。五部委明确提出，各示范城市（区）要积极细化、探索城市垃圾分类的方式，因地制宜开展工作，特别要加强对餐厨垃圾分类的收集和处理；到 2020 年，各示范城市（区）建成区、居民小区和单位的城市垃圾分类收集覆盖率达到 90%，人均城市垃圾清运量下降 6%，城市垃圾资源化利用率达到 60%（戴迎春和毕珠洁，2015）。

表 6-6　2015 年首批城市垃圾分类示范城市（区）名单

序号	城市	序号	城市	序号	城市
1	北京市东城区	10	浙江省杭州市	19	四川省德阳市
2	北京市房山区	11	安徽省铜陵市	20	贵州省贵阳市
3	天津市滨海新区	12	江西省宜春市	21	云南省昆明市
4	河北省邯郸市	13	山东省泰安市	22	西藏自治区日喀则市
5	山西省太原市	14	湖北省宜昌市	23	陕西省咸阳市
6	上海市静安区	15	广东省广州市	24	甘肃省兰州市
7	上海市松江区	16	广东省深圳市	25	青海省西宁市
8	江苏省南京市	17	重庆市主城区	26	宁夏回族自治区银川市
9	江苏省苏州市	18	四川省广元市		

资料来源：戴迎春和毕珠洁（2015）

3. 开展强制分类

我国以往的城市垃圾分类政策以鼓励的方式为主，虽然也规定了一些惩罚性措施，但几乎没有执行过。2017 年 3 月 18 日，国家发展和改革委员会与住房和城乡建设部印发《生活垃圾分类制度实施方案》，提出"到 2020 年底，基本建立垃圾分类相关法律法规和标准体系，形成可复制、可推广的生活垃圾分类模式，在实施生活垃圾强制分类的城市，生活垃圾回收利用率达到 35%以上"。《生活垃圾分类制度实施方案》规定了"部分范围内先行实施生活垃圾强制分类"的实施区域[包括直辖市、省会城市和计划单列市，以及住房和城乡建设部等部门确定的第一批生活垃圾分类示范城市中的 10 个城市（共 46 个城市）]，同时"鼓励各省（区）结合实际，选择本地区具备条件的城市实施生活垃圾强制分类，国家生态文明试验区、各地新城新区应率先实施生活垃圾强制分类"。《生活垃圾分类制度实施方案》还规定了上述区域内的公共机构和相关企业为城市垃圾强制分类的实施主体，负责对其产生的城市垃圾进行分类。"垃圾强制分类"的概念第一次被明确提出并开始实施，体现出中央政府推进城市垃圾分类政策的决心。在地方层面，广州在全国率先对城市垃圾分类进行了专门的地方立法——2018 年 3 月 30 日,广东省第十三届人民代表大会常务委员会第二次会议批准通过《广州市生活垃圾分类管理条例》,自 2018 年 7 月 1 日起施行。《广州市生活垃圾分类管理条例》对城市垃圾分类的全程管理做出了明确具体的规定,与之前各大城市出台的规定相比,强调了普通居民个人义务和责任,凸显了城市垃圾分类的强制性。

6.3　城市垃圾分类政策工具及其作用

6.3.1　政策工具及环境政策工具

1. 政策工具的内涵

在对政策科学理论的研究过程中,政策工具(又称政府工具、治理工具等)理论研究也逐渐受到关注。20 世纪 70 年代以来,公共政策工具研究日益兴盛。学术界对"政策工具"的内涵有许多不同的解释,布鲁金(H. A. de Bruijn)和霍芬(H. A. M. Hufen)对这些解释进行了总结,指出——政策工具应用的焦点在于政策产出或政策效果的实现,并引用萨拉蒙(Lester M. Salamon)等的观点,认为——工具性研究的核心假定就是,不同的工具类型分别构造了不同的政策活动,同样也引发了问题并产生不同的效果(布鲁金和霍芬,2007)。我国学者严强(2008)则将国内外学界关于政策工具实质的理解归纳为三种观点:将政策工具理解为实现政府行为的机制,或政府推行政策的手段,或实现政策目标的活动。笔者认为,政策工具就是以政府为主体的公共部门,为实现既定的公共政策目标而选择和采取的一系列具体路径、机制、方法与手段。

2. 环境政策工具

关于政策工具的很多研究都是在环境领域展开的。通过对环境政策工具进行分析,可以更好地了解政策工具在环境领域的应用,也可以更宏观的角度认识城市环境治理下垃圾分类政策工具的应用。

自 20 世纪 50 年代以来,世界各国政府为应对生态环境的恶化,进行了不懈的探索尝试和创新设计,形成了不同组合的环境政策工具包,也形成了不同的分类主张,主要的分类方法有两大类、三大类和四大类。两大类的分类方法将环境政策工具划分为命令控制型政策工具和经济激励型政策工具(聂国卿,2006);三大类划分法是 OECD 成员的划分方法,具体包括经济激励型政策工具、命令控制型政策工具和劝说型政策工具(OECD,1996);四大类划分则是世界银行提出的划分方法，包括创建市场、利用市场、环境管制、公众参与（世界银行环境局等，1998）。其中，OECD 的"劝说"工具，包括教育、培训、信息传播、社会压力、协商等，还包括环保部门与私人企业间在协商的基础上达成的自愿协议。世界银行提出的鼓励公众参与，则包括环境信息公开、重大项目环境影响评价中要求公众听证等手段。

学者杨洪刚（2011）采取政策工具发挥作用的主体性角度和政策工具强弱型特征相结合的标准，将环境政策工具划分为三种类型：命令控制型、积极激励（刺激）型和公众参与型。他对我国的环境政策工具矩阵进行了研究，认为我国环境政策工具变迁的特征是：政策工具种类从简单多数走向复合多样，政策工具立法取向逐渐从"义务本位"走向"权利本位"，政策工具的作用方式从政府直接管制向间接管制转变（杨洪刚，2011）。

6.3.2 城市垃圾分类政策工具的类型

城市垃圾分类政策工具是为促进城市垃圾源头分类，达到减量化、资源化和无害化的最终目标而采取的、作用于城市垃圾分类政策问题及参与群体的一系列手段、方法与机制。基于相关研究者的研究成果和分类总结，结合环境政策工具的应用，综合考虑政策主体之间的互相作用及政府强制力程度等因素，笔者认为，城市垃圾分类政策工具可分为命令控制型政策工具、经济激励型政策工具和社会参与型政策工具三大类（表 6-7）。

表 6-7　城市垃圾分类政策工具的类型

政策工具类型	具体政策工具
命令控制型	法律法规、部门规章、技术标准、直接供给、管制、行政处罚
经济激励型	使用者付费、返还押金、原材料征税、政府补贴、奖惩结合、市场化机制
社会参与型	居民参与、NGO 参与、企业介入、居委会参与、业委会参与

（1）命令控制型政策工具。命令控制型政策工具具有一定的强制性，政府的强制力为政策工具提供了有力保障。政府的行政权力也是我国命令控制型垃圾分类政策工具的动力，其主要表现形式是通过一些直接管制措施，用外部力量直接影响行为。这些措施主要包括法律法规、技术标准和行政处罚，如相关法律法规、条例、标准、政策、规划、细则、命令、管理制度、使用限制等。

（2）经济激励型政策工具。经济激励型政策工具有激励功能和导向功能，其发挥作用的基础在于对相关方经济利益的调节，主要手段包括补贴优惠、收费、奖励和惩罚等。在城市垃圾分类投放环节，使用奖罚制度对居民相关行为进行正激励与负激励，从而促进城市垃圾的管理，是经济激励型政策工具的主要作用。同时，经济激励型政策工具对行业组织和垃圾处理企业的主要作用为迫使其不断改善技术，并追求更高的利润。

（3）社会参与型政策工具。社会参与型政策工具发挥作用的对象主要是居民个人、环保 NGO 和企业。作用的长效性是社会参与型政策工具相对于前两种政策工具的优势所在。这类工具发挥作用后，可不依赖法规的强制性及经济利益的驱动性，将城市垃圾分类观念同化到企业的经营理念与居民个人的价值观中去，从而可以使公众长期参与到城市垃圾分类行动中。

6.3.3　我国城市垃圾分类政策工具的选择

城市垃圾分类政策工具作为政策执行过程的手段和方法，对政策目标的成败具有重要作用。那么，实现城市垃圾分类最终要达到什么样的目标呢？笔者认为，城市垃圾分类的目标有短期和长期两个方面。城市垃圾分类需要达成的短期目标，就是政策执行后最显而易见的效果。例如，通过城市垃圾分类要达到的末端垃圾处理减量的幅度、资源回收的比例，或者进入焚烧环节时垃圾水分含量的减少等。《生活垃圾分类制度实施方案》中提出"到 2020 年底，基本建立垃圾分类相关法律法规和标准体系，形成可复制、可推广的生活垃圾分类模式，在实施生活垃圾强制分类的城市，生活垃圾回收利用率达到 35% 以上"，就是一个明确的政策目标。城市垃圾分类的长期目标，应该是通过城市垃圾分类政策的执行，培育起良好的政策执行渠道和社会参与机制，最终能够建立起现代城市垃圾综合治理体系。

现阶段，为实现城市垃圾分类的政策目标，尤其是短期目标，我国各主要城市采取了丰富多样的城市垃圾分类政策工具。

1. 命令控制型政策工具

命令控制型政策工具是各国城市垃圾处理普遍采用的政策工具，该类工具在我国城市垃圾分类处理政策中应用非常广泛，起着主导性的作用。首先，命令控制型政策工具通过制定和完善明晰的法律法规，为政策工具执行提供权威性保障。其次，在城市垃圾分类政策的执行过程中，命令控制型政策工具可以引导各级政府行政系统形成综合决策机制，能够有效地发挥各级政府力量和调动资源，保证城市垃圾分类工作开展。我国命令控制型政策工具主要包括法律法规、部门规章、分类标准、管理制度、直接供给等。法律法规、部门规章前文已有述及；城市垃圾分类标准和技术标准主要有《城市生活垃圾处理及污染防治技术政策》（2000 年）、《国家城市生活垃圾分类标志》（2003 年）、《城市生活垃圾分类及其评价标准》（2004 年）等。管理制度则有北京市的"垃圾分类管理责任人制度"和"垃圾分类评级制度"，深圳市的"生活垃圾分类和减量社会监督员制度""辖区生活垃圾限量排放制度""生活垃圾跨区域处理环境补偿制度"等。直接供给是指城市垃圾分类中，由政府财政提供专项拨款，或由政府部门及其工作人员提供专项服务。现阶段，在我国城市垃圾分类的环节中，一般都是由城市环卫部门及其所属企业负责分类收集和运输，同时其他的部门，如林业部门、环保部门、城建部门承担一定的职责和任务并配合环卫部门的工作。

2. 经济激励型政策工具

经济激励型政策工具并不强调对主体的强制性，但是也需要法律法规的支持，具有间接强制性，在实践中主要利用使用者付费制度、奖惩机制和政府补贴来实现。

使用者付费是向城市居民征收城市垃圾处理费，这样不仅可以筹集城市垃圾处理费用，补贴财政，还可以促进城市垃圾源头减量和城市垃圾分类的实现。各大城市的法规和政策中，大多规定对产生城市垃圾的单位和个人应当按规定缴纳生活垃圾处理费，以引导单位和个人进行城市垃圾减量与分类投放。其中，《北京市生活垃圾管理条例》规定了多排放多付费、少排放少付费、混合垃圾多付费、分类垃圾少付费的原则；《南京市生活垃圾分类管理办法》也有相似规定；《广州市生活垃圾分类管理条例》也要求"逐步建立计量收费、分类计价、易于收缴的生活垃圾处理收费制度"。2018 年 6 月，国家发展和改革委员会公布《国家发展改革委关于创新和完善促进绿色发展价格机制的意见》，要求在"2020 年底前，全国城市及建制镇全面建立生活垃圾处理收费制度"。

奖惩结合，是为了更好地调动居民参与城市垃圾分类的主动性，使居民从思想上和行为上愿意主动配合政府，做好垃圾源头分类减量化任务。北京、上海、广州、杭州、南京等大城市政府对城市垃圾分类采用的经济奖励和处罚手段见表6-8。

表 6-8　城市垃圾分类奖惩机制政策工具实践

奖惩机制	城市	实践分析
正向激励	北京	餐厨垃圾积分奖励收集模式；可回收物积分奖励模式；积分兑换日常生活物品，如肥皂、洗衣粉、超市购物券
	上海	开展"上海绿色账户行动"，获得绿色积分；积分兑换公园门票、商品和服务优惠券、生活小礼品等
	杭州	居民通过城市垃圾智能回收平台自主投放，获得积分奖励；居民报收废品回收请求，绿点网工作人员上门处理后发放积分卡；绿色账户存折替代发放积分卡
反向激励	北京	在《北京市生活垃圾管理条例》中，对建设单位、再生资源回收经营者、生活垃圾分类管理责任人等违反垃圾分类相关规定的行为做出了相应的经济处罚规定
	南京	在《南京市生活垃圾分类管理办法》中，对单位和个人，生活垃圾分类投放责任人，收集、运输单位和处置单位等违反垃圾分类相关规定的行为做出了相应的经济处罚规定
	上海	在《上海市促进生活垃圾分类减量办法》中，对单位和个人未按照规定投放生活垃圾的行为、生活垃圾分类投放责任人违反规定的行为做出了相应的经济处罚规定
	深圳	在《深圳市生活垃圾分类和减量管理办法》中，对未分类投放或者未按规定分类投放生活垃圾的单位和个人，生活垃圾分类投放管理责任人，生活垃圾收集、运输、处理企业的违规行为做出了相应的经济处罚规定。还规定：个人受到罚款处罚的，可以申请参加主管部门安排的社会服务以抵扣罚款

续表

奖惩机制	城市	实践分析
反向激励	杭州	在《杭州市生活垃圾管理条例》中，对不按规定投放生活垃圾的单位和个人，生活垃圾分类投放管理责任人，收集、运输单位和处置单位等违反垃圾分类相关规定的行为做出了相应的经济处罚规定
	广州	在《广州市生活垃圾分类管理条例》中，对产生生活垃圾的个人和单位，餐饮垃圾产生者或者集贸市场、超市管理者，生活垃圾分类收集、运输单位和处置单位等违反条例相关规定的情况，做出了相应的经济处罚规定

从表 6-8 和各地的实践可以看出，正向激励措施主要是针对普通居民个人，而反向激励措施中，主要是针对经营者、单位或者管理者，对个人的处罚措施也逐渐在加强。不过，在实践中，考虑到个体公众的接受程度、执法困难等因素，对个人的罚款措施尚未得到真正的落实，还是以宣传教育为主。随着城市垃圾强制分类的实施和推广，可以预期，针对居民个人垃圾分类行为的反向激励措施将会逐步落到实处。

政府补贴是政府部门为城市垃圾分类处理企业、环保 NGO 或者基层政权组织提供资金支持，用来调节社会分配和生产的一种手段。对于城市垃圾治理，政府每年都有专项资金进行处理，其中，在城市垃圾分类工作推广期，政府部门将给予更多财政支出。对于个人，政府则可以通过城市垃圾分类积分制方式，进行资金补贴。

3. 社会参与型政策工具

在城市垃圾分类社会参与型政策工具的应用中，主要参与对象包括居民、志愿性组织、环保 NGO、社区居委会、业委会、企业等。我国城市垃圾分类典型城市北京、上海、广州，都积极采用了这项政策工具（表 6-9）。

表 6-9　北京、广州、上海社会参与型城市垃圾分类政策工具实践

城市	社会参与对象	参与实践
北京	居民	①政府制作城市垃圾分类物流图解、分类宣传片、分类宣传手册；②城市垃圾分类宣传进社区、学校、写字楼；③在北京垃圾分类网设置"公众参与"，包括"分类小调查""我给生活垃圾分类支招""建言献策"等，为公众参与提供了网络平台
	社区居委会	①北京市城市垃圾分类政策主要特点是放权，由社区居委会（行政村）配合街道（乡镇）落实好城市垃圾分类政策；②房山区、大兴区等以政府购买公共服务方式，建立城市垃圾分类指导队伍，招募专门工作人员，提供 600 元/月基准补贴
	志愿性组织	①自 2013 年起，中华环境保护基金会走入北京试点区县，宣传国家分类政策和专业知识；②帮助社区培训城市垃圾分类专业指导员——"绿袖标"；③名为"自然之友"的环保组织走访调查 100 多个社区完成《北京市生活垃圾真实履历报告》，为北京市政府城市垃圾分类工作提供监督和借鉴
	企业	①采用企业承包的方式，顺义区发展城市垃圾分类宣传和培训队伍；②尝试引入企业化运作管理模式，通州区采取公开招标方式，鼓励企业参与城市垃圾分类管理

城市	社会参与对象	参与实践
广州	居民	①邀请市民参观垃圾场，进行实地教育；②发挥手机应用程序（application，APP）作用，利用移动互联网开展城市垃圾分类宣传和奖励查询；③在陈建华市长的重视及推动下，社会全民被动员参与到城市垃圾分类过程中
	社区居委会、业委会	①负责辖区内城市垃圾分类工作的宣传、教育，建设和维护分类设施；②发动社区民众参与城市垃圾源头分类，发挥企事业单位、志愿者队伍和环保NGO的积极作用；③开展城市垃圾分类走进社区活动，组织环卫站、垃圾处理企业和物业等参与；④设立可再生资源便民回收点，组织人员和配置分类收集容器
	志愿性组织	①"宜居广州"环保NGO开展政府城市垃圾分类工作调查，发现问题并向政府提出建议；②发挥志愿者作用，走进家庭、学校等开展宣传教育
	企业	引进企业，推动企业参与。例如，越秀区通过在社区设置收集点，企业对城市垃圾实行按重量收集；海珠区采用企业回收处理可回收物，政府给企业提供适度补贴；萝岗区将城市垃圾分类宣传回收纳入企业经营事项，鼓励企业发挥作用；增城区采取对再生资源回收引入企业机制，实施企业化管理
上海	居民	①开展多种多样形式的宣传活动，引导居民参加座谈会、培训会；②城市垃圾分类从小学生做起，走进中小学教育；③建立每个家庭"绿色账号"，采取奖励积分制引导社区居民更好地参与城市垃圾分类
	社区居委会、业委会	①建立由业委会、物业和楼组长组成的小区共建小组，制订工作计划，楼组长负责各个楼栋的宣传和动员；②社区物业负责做好配套支持，包括垃圾桶摆放、消毒等
	志愿性组织	①绿行青年环保公益社走进社区，开展垃圾分类宣传和教育，同时开展回收有毒有害垃圾，以及定时定点在社区开展"废弃物循环兑换"；②志愿者协会"爱心家园"发起对旧衣服回收再处置项目；③上海百特公益发展中心承接"方松街道家庭志愿者建设项目"，进行入户宣传，招募家庭志愿者，以孩子引导家长分类等，发挥示范效应
	企业	①上海哆啦环保科技有限公司开发垃圾分类智能回收机，居民自主投放可回收物，如纸张、饮料瓶罐等，智能机通过称重以积分形式回馈居民；②政府对环保型企业提供适度补贴和扶持

　　城市垃圾分类政策工具的选择，与城市所处的历史阶段、社会环境等密切相关。虽然我国各城市采用的具体的政策工具存在差异，但同时可以发现，我国主要城市在城市垃圾分类政策工具的选择上，经历了类似的发展演变，即从十分依赖命令控制型政策工具，到同时重视发挥经济激励型政策工具的使用，再到积极运用社会参与型政策工具，最终发展为多种政策工具组合应用。

　　总体来看，目前国内的城市垃圾分类政策工具选择中，命令控制型政策工具占据主导，经济激励型和社会参与型政策工具正在受到更多关注，但发展还不够完善。其中，社会参与型政策工具的使用面临着公众环保意识、参与意识不强，政府信息不够公开，企业介入不足，关注城市垃圾分类的NGO数量少、规模小、能力弱等问题。要实现垃圾分类的长远目标，就需要在改进政策工具设计和使用的过程中，特别注重社会参与型政策工具的设计和运用。

6.4　社会参与型政策工具运用的国内外经验及启示

6.4.1　国外的经验

1. 德国的主要经验

（1）注重城市垃圾分类宣传和教育。德国城市按照城市垃圾性质，将城市垃圾分为两种类型，即需要单独分类收集垃圾和剩余垃圾，并且建立了明确详细的分类目录和收运结合的城市垃圾分类体系。地方环境部门每年年初，将为每家每户提供一份周密的、更新的城市垃圾分类详细说明，并且附上本年度城市垃圾清运时间规划。居民按照时间规划和分类要求，将生活中产生的垃圾分类之后，将剩余垃圾放置在指定地点，由垃圾处理部门或企业进行定时定点的处理。针对需要单独收集的垃圾，如大件垃圾、电子垃圾、有害垃圾或者玻璃等，需要居民自觉送至社区回收点或者约定时间由人来取。但对于一些特殊的废弃物，如废旧轮胎，居民就必须要付费处理。

（2）环保 NGO、行业协会发挥重要作用。除前文曾提到的德国包装协会及"绿点"回收系统外，德国汽车工业联合会、纺织服装工业联合会、机械工业联合会等 80 多个行业协会和商会组织，为落实德国城市垃圾源头分类和循环再利用，不同程度地做出了贡献。此外，环保 NGO 在舆论教育、立法推动和监督监管等方面，发挥了重要的作用，如德国自然保护联合会、德国青年环保联合会及德国拯救环境基金会等。

2. 日本的主要经验

（1）大力宣传，鼓励公民参与。日本在完善法律的同时，注重对公民垃圾分类的宣传和教育，形成"政府领导、社会响应"的宣传教育体系，教育宣传工作做到了细致而有系统，且分类宣传做到了形式多种多样。日本的城市垃圾分类宣传主体涵盖了社会的方方面面，政府、企业、社区、家庭、协会组织、学校、办公楼等都是日本城市垃圾分类宣传和发动的阵地。在分类宣传中，既包括了城市垃圾分类处理的标准规范和正确的分类示范引导，也包含了对错误行为的指正教育。通过十几年对民众坚持不懈的城市垃圾分类教育宣传，日本民众的城市垃圾分类意识非常高，城市垃圾分类知识的掌握水平提升很快。

（2）企业积极参与资源循环利用。日本许多企业非常重视城市垃圾再利用相关环保产品的设计，并通过销售宣传鼓励民众积极购买这类绿色环保产品。例如，使用垃圾焚烧时产生的灰渣、污泥等废弃物，制作环保水泥，已经被很多的日本民众认可并接受。在废弃物运输和处理方面，不同企业负责处理不同类型的城市垃圾，并且上游的产业为下游的产业提供了条件，使得企业之间形成了环节配套的产业链体系。例如，专门负责易拉罐垃圾处理的企业，将成千上万的易拉罐收集后压实成固定大小的形状，销售给下游专门加工回收的企业，重新制作后转化为其他包装材料。

（3）居民自治会发挥作用。日本的居民自治会，又称町内会，类似于国内的居委会，是以家庭为单位按居住地组成的街坊组织（晏梦灵和刘凌旗，2016）。在城市垃圾处理上，居民自治会主要作用体现在：代表居住区民众利益，开展政府间和企业间对话；负责解释和宣传政策变动，落实其政策执行并监督执行效果；加强居住区环保意识的普及和教育；建立企业和民众良好的合作，促进资源可回收。

6.4.2 国内的经验

1. 台湾台北市的主要经验

（1）宣传教育和信息公开。在台北市推行垃圾费随袋征收之前，通过各种各样的手段和方法，开展了历时两年多的宣传教育。同时，为了提高回收处理费用的征收效果，督促生产厂商能够诚实足额缴纳回收处理资金，使缴纳机制更加公平公正，台北市鼓励公众积极主动参与检举那些承担回收处理职责的生产者存在任何的少报、漏报或者虚假瞒报等行为。台北市环保局网站设立了专门的信息公开平台，以方便居民进行城市垃圾的分类和资源回收，信息公开平台发布内容主要有：专用垃圾袋代售点、餐厨垃圾专用回收点、垃圾和资源限时回收点等。

（2）扶持资源回收行业发展。针对资源回收行业，台北市政府编制了《资源回收产业规划》。根据这一规划的要求，要适度控制进入回收行业市场的企业数量，明确规定回收厂商的生产规模、回收种类和服务权限，从而有效地降低成本并切实保证规模效益。得益于政府机构的融资优惠、租税减免、投资抵减等多种优惠和政策扶持，以及指导回收厂商取得合作资质并协助其取得环保科技和再生资源回收用地等有力措施，2002～2009年，台北市从事资源回收利用的厂商就从317家增加到了781家，在资源回收处理和循环再利用过程中发挥了重要作用（杜倩倩等，2014）。

2. 广西横县的经验

虽然我国大城市城市垃圾分类政策试点不算成功，但在小城市中，广西横县的城市垃圾减量和分类经验却堪称典范。其中，社会参与发挥了至关重要的作用。

1）横县可持续垃圾综合治理模式的建设

1999 年，随着横县县城城市垃圾越来越多，县城东郊 4.7 亩的填埋场已难以承载，每年要租车清运两三次，费用达五六十万元，还常被倾倒地的村民阻拦。县城里垃圾乱丢情况普遍，环境遭受严重污染，横县饱受"垃圾围城"之苦。根据横县是农业大县，果皮在垃圾中占了很大比重这一特点，堆肥成了解决垃圾问题最实际的选择；但是如果垃圾不纯，则不能堆肥。因此，城市垃圾分类就成了垃圾堆肥处理的重要前提。在经过前期考察、培训、调研、宣传等充分准备后，2000 年 9 月，横县正式启动垃圾分类试点工作，2001 年 4 月，城市垃圾分类向全县铺开。经过 17 年的实践探索，横县县城城市垃圾分类已普及至居民 2.6 万户、机关事业单位 197 家、小区 90 个、酒家 36 个、企业 52 家、综合市场 2 个、学校 25 所，分类投放正确率达 90%以上。越来越多的个体公众已把垃圾分类当成习惯（刘华新和谢振华，2017）。

横县城市垃圾分类的最初推动者是"横县垃圾综合治理项目团队"，该团队由NGO（国际乡村改造学院）、科研院所（浸会大学）、政府部门代表（生态环境部）组成，建立了政府、NGO 和科研单位三方参与的有效合作机制。该团队认为，从横县城市垃圾分类和处理的经验来看，要想建设一个可持续的城市垃圾综合治理的模式，必须要实现重要的五个方面。

一是合作各方通过有效地协调和沟通达成共识，不仅认同城市垃圾分类和综合治理工作的必要性与重要性，同时对城市垃圾处理的目标达成共识，即实现"城市垃圾减量化、资源化、无害化"处理的目标。此外，还需要有详细的分工，政府各部门、外部的参与机构与参与的居民对各自的角色有清晰的定位，并建立优势互补的空间和平台，形成自律、他律和共律的基本机制。

二是合作各方共同建立两个系统：城市垃圾分类、投放、收集、转运和技术处理的技术系统，配套的、完整的城市垃圾分类处理的管理系统。前者需要各环节的匹配和整体协调；后者则包括规划、实施和检测评估过程中的协调管理机制、不同部门和 NGO 及其他社会团体的参与机制，也包括居民层面参与分类管理和监测的机制，以及主管单位相关部门的协调配合机制，如教育部门、卫生部门、环保部门和环卫部门的职责和分工，充分调动各部门的所长和专业，做到从分类、收集、分拣到处理的每一个步骤都能够有效地发挥各部门的所长和优势。更为重要的是政府要坚持不懈地给予城市垃圾综合治理工作长久的支持，不仅要随着社会经济的发展来调整资金，配备所需的人员，还要给予政策的支持和机制上的灵活性，以保证工作能够长久地坚持下去。

三是充分发挥政府、NGO 和私营企业的不同角色作用，实现优势互补。在横县，政府充分发挥了主导作用；NGO 在整个过程中的参与则体现在：协助政府进行整体规划设计，负责落实步骤的具体策划，确保在每个步骤中社区居民的参与，并通过方式方法上的创新，保障实施的质量和效果，从而保证所有预期目标共同实现；而私营企业则可以发挥其市场优势，变废为宝，如将餐厨垃圾通过实用的堆肥技术变成有机肥，用于农业、林业和园艺等。

四是按部就班、扎扎实实地实施四个阶段的工作——宣传、发动和参与环保教育，调查研究与分析设计，城市垃圾分类的试验示范和推广，收集、分拣、堆肥与填埋的处理系统和流程的完善。在实施每个阶段时，都要做出详细的落实计划。同时，要重视环卫工人在这四个阶段中发挥的不可忽视的作用，认可他们的贡献。

五是严格遵循五项原则。参与各方都本着平等参与、信息透明、沟通协商、民主决策和互信互帮的五项原则，自始至终都将群众的理解和参与作为基础，保证资金预算及其使用范围的合理性和有效性，保证各方的角色和责任清晰，充分调动群众在分类、监督和宣传方面的作用等（横县垃圾综合治理项目团队，2013）。

2）公众参与城市垃圾分类的实践操作经验

在居民、NGO 和企业参与方面，横县垃圾综合治理项目团队给出了实践操作上的启示。

第一，居民是垃圾管理的核心，是垃圾的产生者也是垃圾减少的执行者，居民的实际参与直接关系着城市垃圾分类工作的成败，而培养居民主人翁意识和参与城市垃圾分类成就感是城市垃圾分类的保障。具体而言，应该从以下几个方面努力得到居民的支持：①获得居民对政策的认同和理解，特别是对城市垃圾分类的意义和重要性认同，同时，居民对分类收集方式的理解和支持也十分重要；②要循序渐进，首先从简单可操作、容易使用的分类方法做起，然后再逐步发展到较复杂的分类方式；③要通过制度和政策建立长效机制，使居民的积极性得以长期保持，要做到这一点，除了经常宣传、教育和表彰先进外，更应由政府制定条例，在经济方面规定奖惩措施。值得强调的一点是，城市垃圾分类对居民的文化素质基本没有要求，农民、小城镇居民同样可以有效地实现城市垃圾分类。当然，这需要合理正确地对居民进行城市垃圾分类知识的宣传，引导他们参与城市垃圾分类收集，只要让大家看到分类的城市垃圾经过堆肥后可以有效地用于农业生产，产生的城市垃圾经过堆肥后可以代替普通化肥，可以大大节省成本，降低污染，提高农产品质量，大家就很容易接受这种垃圾堆肥的模式。

第二，NGO 的作用不仅是引进先进的教育理念、城市垃圾分类的成功经验，还带来了一些资金援助。NGO 打破了政府命令式的工作方式，用更贴近民众的活动和形式，协调了众多组织的关系，推动了中国城乡同世界其他地区城乡和发达地区在环境教育、城市垃圾分类方面的合作。

第三，企业的介入可以提高管理的效率，解决资金的不足。但是企业是以盈利为目的的，小规模的城市垃圾分类堆肥无法满足企业在生产成本上的运作，堆肥市场的不完善也会影响私营企业的运作，因此企业的介入需要一定的政策保证和成熟的时机。另外，企业在城市垃圾分类收集到堆肥过程中的每个环节都需要逐步地完善，建立分级的城市垃圾分拣中心或区域性城市垃圾分拣中心，采取公众源头粗分类、分拣中心二次细分类的模式就行运作，便于企业再利用部分资源。整个工作要真正按照市场经济规律运行，包括垃圾分拣中心和资源再利用设施，都应该由专业企业独立运作，科学发展，逐步形成规模。这就需要我们进一步深化环卫管理体制改革，依托市场，形成从分类收集到资源利用的企业运作体系（横县垃圾综合治理项目团队，2013）。

在该项目团队离开之后，横县城市垃圾分类在政府的大力支持下坚持了下来。通过"铺天盖地"的宣传，尤其是通过对中小学生的教育来影响和带动家庭的城市垃圾分类，加上环卫工、居委会工作人员、分类督查员对分类的耐心指导，以及严格的监督和奖罚分明的制度保障，横县城市垃圾分类的可持续性得以实现（刘华新和谢振华，2017）。

6.4.3　国内外经验的启示

国内外的经验显示，社会参与型政策工具的运用是有前提和条件的，首先，政府和参与各方要建立对城市垃圾分类的重要性、必要性的共识；其次，要培养有切实的参与愿意并有参与能力的参与主体；最后，要为居民、社会组织和企业的参与创造外部条件。

为了达到这些前提和条件，政府联合社会组织进行大力的宣传、专业的教育必不可少。同时，要注重培育社会资本。在本书第2章中已经指出，利用社会资本是克服集体行动困境的重要途径。事实上，城市垃圾分类先进国家和地区所拥有的社会资本，固然有社会固有的因素（如日本不给别人添麻烦的传统文化、德国人的严谨精神等）的影响，但在很大程度上也是政府对城市垃圾分类政策认真推行的结果。我国也应以增强政策绩效、建立居民对政府的信任为突破口，创造和积累社会资本，为我国居民城市垃圾分类集体行动困境的克服创造良好的社会环境，促进公众参与。具体而言，政府要严格执行城市垃圾分类相关制度，切实履行好自己在基础设施、分类运输和处理的管理等方面的职责，增加公众对城市垃圾分类的法律制度、政策措施的信任和对政府的信任。在此基础上，建立起个体、社区、社会组织、企业等共同参与的横向网络，各主体各尽其责，合力推进城市垃圾分类。一旦城市垃圾分类取得切实可见的效果，又会增进公众彼此之间及公众对政府的信任，从而反过来推动合作，形成社会资本的良性循环，最终克服我国城市垃圾分类居民集体行动的困境（张莉萍和张中华，2016）。

同时，政府应选择适合本地垃圾组分特点的垃圾分类模式，建立完整的产业链，使城市垃圾分类能见到实效，保证社会参与型政策工具运用的可持续性。目前，在我国城市垃圾分类产业链上，政府与企业在末端处理上的合作比较紧密，这与政府担负着解决"垃圾围城"困境的任务有关，而且消解末端垃圾，尽快减少看得见的垃圾，也是能够快速见效的政绩。然而在其他环节上，尤其是城市垃圾分类的前端，企业的参与不足。因此，政府应该通过法律明确产品生产厂家的责任，将各个行业的企业纳入到环境治理和垃圾治理过程中，同时要促进城市垃圾回收产业的发展，将生产企业和回收企业相互协调配套，促进更多企业在环境保护和城市垃圾治理方面与政府部门的协作。

此外，再生资源市场的繁荣是城市垃圾分类企业生存的根本。在我国经济新常态下，再生资源回收行业陷入不景气的状态，政府需要采取措施（如设立资源回收专项基金进行回收补贴，基金的来源是制造者和使用者）维持和做大再生资源回收产业，吸引更多企业涉足城市垃圾分类业务。

6.5　以城市垃圾分类政策工具的优化组合促进社会参与型政策工具的运用

需要强调的是，城市垃圾分类的三类政策工具并非各自独立，而是相互影响和促进的。当企业介入城市垃圾分类业务时，可能从回收、利用垃圾（废品）获得收益；也可以通过政府的财政补贴解决一定的运行经费；还可以由政府通过垃圾减量评估，按一定比例将垃圾处置费用返还给企业（刘浪等，2015）。同时，如果参与分类的居民不多，就难以形成规模效应，如果政府没有相关补贴措施，企业就难免亏损，失去参与的动力。也就是说，命令控制型政策工具（如强制更多的居民进行垃圾分类）、经济激励型政策工具（如政府补贴）如果没有发挥作用，那么社会参与型政策工具如企业参与也就难以发挥作用。反过来，企业介入程度不深，城市垃圾分类产业链建立不起来，分类带来的社会效益不显著，又会影响居民城市垃圾分类的意愿和命令控制型政策工具的使用效果。

因此，在充分分析每类政策工具的应用条件和特征的前提下，城市垃圾分类政策工具需进行优选选择和组合应用，以发挥各个政策工具的优势和工具间的互补优势，使政策工具运用效果最大化。作为政策工具之一的参与型政策工具，也就能够在这个过程中得到更好的发展。

第7章　政策过程中的公众参与
——以电子废弃物回收处理为例

近年来,我国政府针对垃圾管理,出台了一系列的政策[①],但是政策实施效果不显著的问题却相当突出。一般而言,影响政策效果的原因主要有:政策本身存在不合理、不完善的地方;执行主体职能不明确,或者缺乏执行的动力;政策规范的对象不愿配合或由于技术落后等原因难以配合;政策环境不利于政策的执行等。托马斯(2010)认为:"对政策质量期望越高的公共问题,对公众参与的需求程度就越小;对政策接受性期望越高的公共问题,对吸纳公众参与的需求程度和分享决策权力的需求程度就越大。如果两种需要都很重要时,就会存在要求增强公众参与或要求限制公众参与等不同观点间的争议和平衡。"笔者认为,作为与公众密切相关的垃圾管理政策,政策过程——包括议程设置、政策制定、政策合法化、政策执行、政策评估等——中的合理的公众参与,能够在很大程度上解决政策实施效果不佳的问题,有利于实现更好的垃圾管理。本章就以电子废弃物回收处理政策的政策过程为例,探讨垃圾治理政策过程中的公众参与问题。

7.1　电子废弃物及其回收处理中的公众参与主体

7.1.1　电子废弃物的界定

电子废弃物(e-waste),又称电子废物、电子垃圾,目前各国对其范围的界定不尽相同。即使在同一国家,因法律、规章和条文侧重点的不同,对其具体范围界定也不完全相同。在此,本书采用我国《电子废物污染环境防治管理办法》(2008年2月1日起施行)中的界定:"电子废物,是指废弃的电子电器产品、电子电气设

---

① 这里采用广义的政策概念,是法律、法规、部门规章、规范性文件和技术规范等的统称。

备（以下简称产品或者设备）及其废弃零部件、元器件和国家环境保护总局会同有关部门规定纳入电子废物管理的物品、物质。包括工业生产活动中产生的报废产品或者设备、报废的半成品和下脚料，产品或者设备维修、翻新、再制造过程产生的报废品，日常生活或者为日常生活提供服务的活动中废弃的产品或者设备，以及法律法规禁止生产或者进口的产品或者设备。"简而言之，电子废弃物一般是指对其所有者来说已经失去使用价值的电器电子产品、设备及其零部件、元器件等。

近年来，随着电子废弃物管理的大量增加和国际贸易中的不公平行为，电子废弃物管理在世界各国都普遍受到重视，中国也不例外。事实上，作为电子废弃物进口大国、电子废弃物产出和处置大国及资源短缺的国家，中国电子废弃物管理政策尤为引人关注（张莉萍，2011）。

7.1.2 电子废弃物的主要特征

1. 可利用价值和危害性都大大高于其他城市垃圾

这是电子废弃物的最主要特点。一方面，电子废弃物中有许多有用的资源，如铜、铝、铁及各种稀贵金属，玻璃和塑料等，具有很高的再利用价值。例如，每吨电子废弃物含金量是金矿的 17 倍，含铜量为铜矿的 40 倍。据估算，与用采矿冶炼生产新钢材的方法相比，采用电子废弃物能减少 94% 的矿石能源、86% 的空气污染、76% 的水污染，总共节约 74% 的能源（董鹏，2015）。另一方面，电子废弃物构成成分中包含铅、汞、镉、铍、溴化物、塑料等有毒有害物质，焚烧、掩埋或不科学的拆解方式会大大加重其对环境及人体造成的危害。

2. 增长速度快于其他城市垃圾

在电子信息时代，电器电子产品普及范围更加广泛，生产速度大大加快，更新换代更加频繁，产品的使用年限往往因为新产品的出现而大大缩短，这些原因直接导致全球电子废弃物数量的急剧增加。相关资料显示，全球电子废弃物的增长率是城市垃圾平均增长率的 3 倍，是当今全球增长最快的固体垃圾之一（Schwarzer et al.，2012）。"解决电子垃圾问题计划"组织所发布的交互式全球电子垃圾在线地图曾预测，2012～2017 年，全球产生的电子废弃物总量可能会增长1/3，预计从每年 4.9 亿吨增长至 6.5 亿吨（谢璕，2014）。

3. 拆解、处置技术复杂，合理回收率低

电子废弃物数量急剧增加，但其合理回收率却很低。据统计，目前全球只有20% 的电子废弃物得到合理回收，而其余 80% 的电子垃圾的去向不明，在发展中国家，电子废弃物可能被倾倒、交易或以危险方式收回。即使是实行全球最严苛规定的欧盟，目前的回收率也只有 35%，剩下 10% 的电子废弃物进入家庭垃圾，

40%被拾荒者和未注册的废品回收站收集，10%作为还可以用的二手设备运到国外，5%被非法出口（刘霞，2018）。电子废弃物合理回收率低，与其回收渠道不完善、拆解利用技术要求和成本高等有关。电器电子产品类型多样，包含成分复杂，需要非常高的处理技术才能实现资源化利用、环保化处理。同时，电子废弃物的拆解是一项劳动密集型的工作，而在发达国家劳动力成本较高，拆解工作盈利不高，这也是一些发达国家向发展中国家输出电子废弃物的重要原因。

电子废弃物的以上特点使得电子废弃物成为城市垃圾中一个特殊的组成部分，需要专门加以关注。

7.1.3　电子废弃物回收处理中的公众参与主体及参与形式

一般来说，电子废弃物回收处理政策过程中的公众参与主体，主要包括电器电子产品的生产、销售、消费、回收中的相关责任主体，以及行业协会等社会组织。在我国，理想的参与主体及其参与形式见表 7-1。不过，在现实中，参与主体作用的发挥并不理想，如个体回收者出于经济动机，一般会把回收来的电子废弃物卖给出价更高的非正规回收拆解者。而其他各主体的作用，也尚未得到充分发挥。

表 7-1　我国电子废弃物回收处理中的参与主体及参与形式

参与主体	参与依据或理由	理想的参与形式
生产者	生产者责任延伸制度	"清洁生产"与"责任延伸"，既从源头控制污染，又要兼顾回收
销售者	产品回收押金制度等	利用连接生产者与消费者的纽带优势，承担回收责任
消费者	污染者付费，受益者担责	将待处理电子废弃物交给正规回收处理者
个体回收者（小商贩）	获得经济收入	利用灵活性、规模大、连接消费者与处理者的纽带优势，将回收电子废弃物交给正规回收处理企业
正规电子废弃物回收处理企业	取得电子废弃物处理资质后运行；兼顾经济收益和社会效益	在政府扶持下，开辟回收渠道，开展正规化处理，并不断提高处理技术
行业协会	按照协会章程的规定进行参与	对旧电器电子产品档案信息系统进行完善，建立从业人员、企业诚信经营档案，进行专业技能培训，发挥行业自律的作用和服务、协调职责，参与电子废弃物回收处理的政策制定
环保 NGO	保护环境和人类健康，节约自然资源，制止国家间不平等的垃圾贸易	监督、宣传，向社会公众普及正规化回收处理意识、方法和途径

7.2　我国电子废弃物回收处理政策过程中的公众参与

7.2.1　我国电子废弃物回收处理政策体系的初步形成

在世界范围内，我国电子废弃物污染环境问题非常严重，属于"重灾区"。

　　发达国家电子废弃物主要由其自身产出，而且由于这些国家环境管理法制健全，对电子废弃物污染环境的问题认识也比较早，对本国电子废弃物的管理比较严格，从 20 世纪 90 年代开始陆续颁布了一系列适合本国国情的电子废弃物管理的法律法规文件，推行"生产者责任延伸制"，建立了废弃电器电子产品回收处理体系，提高了电子废弃物资源回收利用率。例如，在 2003 年，美国有关废弃物管理及回收的议案共有 408 部，其中新增的电子废弃物回收议案约 47 部，这 47 部中有 10 部都要求生产商承担责任；日本在 2001 年 4 月起实施的《家用电器回收法》中规定，日本国内家电生产企业必须要承担回收、利用废弃家电的义务，家电销售商有回收废弃家电并将其送交生产企业再利用的义务（王红梅和王琪，2010）。尽管如此，由于要达到符合污染排放的处理标准需要企业付出较大成本，美国等一些国家的企业，还是不负责任地以各种名义或非法地将自己产生或回收的电子废弃物出口、转移到发展中国家，电子废弃物污染本国环境的问题并不严重。

　　然而，在我国，电子废弃物的来源则处于"内外夹击"的困境中：一方面，国际上电子废弃物的非法越境转移，使得中国成为世界最大的电子废弃物倾倒地；另一方面，经济的高速发展已使中国成为电器电子产品生产和消费大国，且许多产品已到了淘汰报废的高峰期。

　　为防止进口电子废弃物之害，中国早在 1990 年 3 月 22 日就签署了《控制危险废料越境转移及其处置巴塞尔公约》，并在禁止电子废弃物转移的 1995 年修正案上签字。但作为大量产生电子废弃物的发达国家，美国一直没有加入这个公约。2000 年以来，中国政府多次调整了关于进口回收物资的政策，大幅度收缩允许进口的电子类回收物资的范围；在地方上，2004 年，广东省颁布《广东省固体废物污染环境防治条例》，严禁在广东省境内经营、处置和利用进口废旧电器类固体废弃物。除了上述在电子废弃物进口方面加强法律法规的规范外，中国政府还针对国内电子产品的生产和电子废弃物的回收处理制定了一系列法律法规与技术政策。例如，2003 年 8 月 26 日，国家环境保护总局发布《关于加强废弃电子电器设备环境管理的公告》，要求对电子工业废弃物的回收、处理处置和利用要以环境无害化的方式来进行。在 2004 年 12 月修订、2005 年 4 月 1 日起施行的《中华人民共和国固体废物污染环境防治法》中，对电子废物管理进行了原则性的规定，"国家对固体废物污染环境防治实行污染者依法负责的原则""产品的生产者、销售者、进口者、使用者对其产生的固体废物依法承担污染防治责任""拆解、利用、处置废弃电器产品和废弃机动车船，应当遵守有关法律、法规的规定，采取措施，防止污染环境"。2006 年 4 月 27 日，《废弃家用电器与电子产品污染防治技术政策》开始实施，作为指导性技术文件，它提出了电子废弃物污染防治的指导原则，即减量化、资源化和无害化，实行污染者负责的原则；家用电器与电子产品生产者（包括进口者）、销售者、消费者对其产生的废弃家用电器与电子产品依法承担污染防治的责任；并提出了有毒有害物质的信息标识制度。2007 年 3 月 1 日，《电子信息产品污染控制管理办法》（2006 年 2 月 28 日公布）生效，对电子信息产品研发、设计、生产、销售和进口等环节进行监管，控制或禁止产品中的有毒有害物质。2007 年 5 月 1 日，《再生资源回收管理办法》开始施行，该办法对包括废弃电子产品在内的再生资源的回收经营活动进行规范。2008 年 2 月 1 日，《电子废物污染环境防治管理办法》（2007 年 9 月 27 日颁布）开始实施，该办法对电子废物的产生、贮存、拆解、利用、处置等活动进行规范，以防止电子废物污染环境，加强对电子废物的环境管理。2010 年 1 月 4 日，环境保护部发布《废弃电器电子产品处理污染控制技术规范》（HJ 527—2010），规定了废弃电器电子产品收集、运输、贮存、拆解与处理等过程中污染防治和环境保护的控制内容及技术要求，于 2010 年 4 月 1 日开始实施。

2011 年 1 月 1 日，历经多年讨论和酝酿才终获颁布的《废弃电器电子产品回收处理管理条例》正式实施，从 2009 年 2 月 25 日颁布到实施，中间经过了接近两年的过渡期，该条例规定了废弃电器电子产品处理目录、处理发展规划、基金、处理资格许可、集中处理、信息报送等一系列制度，还对一些地方存在的群体化家庭手工作坊式的拆解处理活动进行了特别规定。为配合条例的实施，生态环境部陆续制定下发了系列相关配套政策，包括《废弃电器电子产品处理资格许可管理办法》《废弃电器电子产品处理企业资格审查和许可指南》《废弃电器电子产品处理发展规划编制指南》《废弃电器电子产品处理企业建立数据信息管理系统及报送信息指南》《废弃电器电子产品处理企业补贴审核指南》等。

以上法律法规和技术规范，从不同的角度对与电子信息产品和电子废弃物有关的活动进行了规范，体现了生产者责任延伸、兼顾末端治理和源头治理等理念，使得从生产、回收到污染防治的电子废弃物法律、政策体系得以初步形成（张莉萍，2011）。不过，如何使这些政策得到真正的落实和不断优化，则还有很长的路要走。

7.2.2　我国电子废弃物回收处理政策过程中的公众参与状况

1. 政策议程设定阶段：环保 NGO 的推动

我国电子废弃物管理政策的建立，最初是来自国际环境组织的外力推动。国际环保组织与媒体对电子废弃物越境转移和中国电子废弃物问题的关注自 21 世纪初就开始了。2002 年，巴塞尔行动网（Basel Action Network，BAN）和美国硅谷防止有毒物质联盟（Silicon Valley Toxics Coalition，SVTC）发表报告《出口危害：流向亚洲的高科技废物》（*Exporting Harm：The High-Tech Trashing of Asia*），首次全面披露了发达国家将危险废弃物出口到发展中国家的问题，中国广东贵屿镇在报告中占了很大篇幅（Puckett J et al.，2002）。此后，国内外对中国电子废弃物造成环境危害的报道屡见报端，绿色和平组织等国际环保 NGO 也对贵屿给予了极大的关注。面对环境污染的现实及国际社会和环保 NGO 的巨大压力，中国政府从2001 年开始对国内的电子废弃物拆解基地进行整顿，其中对贵屿进行了重点整顿，很多作坊和企业关闭。然而，因为业主和从业者都不希望转换行业或丢掉饭碗，大量的生产活动只是转入地下，而电子废弃物也只是逐渐流向贵屿之外的地区，关闭作坊和企业的做法并没有达到实际效果。当地政府也感觉非常为难，因为拆解业自从 20 世纪 90 年代初以来就是当地财政的主要来源。

在这种情况下，2003 年，绿色和平组织发布《汕头贵屿电子垃圾拆解业的人类学调查报告》。报告指出，贵屿已经具备产业升级的种种基本条件，建议接受和支持贵屿的拆解业在当地的完善和升级，发挥当地的拆解业产业积累，并将其对国外的原料依赖转变为对国内的电子废弃物进行拆解，帮助贵屿建立起真正环保有效的拆解业体系；在此基础上，鼓励当地进行产业多元化，将那些不可能进行环保化电子废弃物拆解的家庭作坊转向其他污染较小的行业，如服装业。2003 年底，绿色和平组织在北京召开了有关电子废弃物拆解的国际研讨会，邀请了国家发展和改革委员会、国家环境保护总局、信息产业部、贵屿镇政府等各方参加。在多方努力下，当地政府采取了因势利导、变"堵"为"疏"的循环经济改造策略，贵屿镇的整体环境比 2001 年时已经要好很多。

2. 政策方案制订阶段——企业参与试点工作，公众参与意见征集

在政策方案制订过程中，为了确保最终方案的科学性和可行性，往往要进行试点。为推动我国废旧家电回收处理活动，促进资源再利用，同时为制定相关政策法规和标准提供可借鉴的经验，2003 年 12 月，浙江省、青岛市被国家发展和改革委员会确认为国家废旧家电回收处理试点省市。试点过程中，部分企业积极参与到试点工作中，为我国废旧家电的回收处理贡献力量。例如，杭州大地环保有限公司负责具体承担浙江省废旧家电回收试点示范建设项目，青岛海尔集团作为试点承担企业，发挥其规模和技术优势，积极行动，助力青岛市试点工作的开展。

2004 年 9 月 17 日，《废旧家电及电子产品回收处理管理条例》（征求意见稿）公布，国家发展和改革委员会公开向社会公众征求意见。在《废弃电器电子产品处理基金征收使用管理办法》的制定过程中，政府也征求了专家学者、环保 NGO、社会公众的意见建议。

3. 政策执行阶段——宣传、实施中的公众支持和服从

为配合《废弃电器电子产品回收处理管理条例》的实行，各级政府部门及社会组织开始向社会公众广泛宣传推广条例内容。2009 年 6 月 17 日，中国电子质量管理协会主办了"2009 电子污染防治英雄会——聚焦《废弃电器电子产品回收处理管理条例》"的会议。废旧电器电子产品回收处理的国家相关主管部门、生产制

造企业、回收处理企业、第三方科研机构、相关行业协会共同参加了此次会议，这是有关电子废弃物回收处理相关公众的深层次交流和对话。会议对目录制定要遵循的原则、第一批目录的范围、基金征收机制、相应的监管机制，以及基金征收标准、基金补贴发放的原则和途径等进行讨论。2009 年 6 月 5 日，环境保护部在北京主办了"低碳减排·绿色生活"——《废弃电器电子产品回收处理管理条例》宣传活动启动仪式，呼吁社会公众规范对废弃电器电子产品的回收处理活动。2009 年 12 月 25 日～2010 年 3 月 15 日，为了向社会公众宣传《废弃电器电子产品回收处理管理条例》内容，环境保护部、国家发展和改革委员会、工业和信息化部、财政部等部委举办了《废弃电器电子产品回收处理管理条例》知识竞赛，以此来加强公众对《废弃电器电子产品回收处理管理条例》的了解。竞赛分网上答题和书面答题两种，最终获得了来自社会公众的 165 283 份有效答题①。

　　在电子废弃物政策实施过程中，作为政策的主要规范对象——从事家电处理的企业——积极参与进来。从 2009 年《废弃电器电子产品回收处理管理条例》颁布到 2011 年实施，100 余家企业参与了废旧家电指定拆解。而 2012 年后，在《废弃电器电子产品回收处理管理条例》和基金制度的激励下，共有 109 家有资质处理企业从事该行业，截止到 2016 年底，这个规模保持稳定。

　　除这些企业以外，随着我国"互联网+"行动的推进和共享经济的发展，越来越多互联网企业和投资公司也加入了电子废弃物的回收行列。传统的电子废弃物回收的产品流向是"居民—流动回收商—大回收商—多级分拣商—末端回收商—处理厂（二手市场）"。互联网的应用使电子废弃物的回收"居民—处理厂（二手市场）"，缩短了回收时间和距离。国家发展和改革委员会于 2015 年 4 月份下发的《2015 年循环经济推进计划》明确指出，要在国内探索新的回收方式，鼓励利用现代信息手段，如互联网、物联网、大数据、信息管理公共平台等，进行信息的采集、数据汇总分析、流向监测，实现网点布局的优化；实现电子废弃物"线下物流与线上回收"的融合，推动企业精细化、自动化分拣技术的升级改进。目前，不少企业已探索利用互联网思维建立了电子废弃物回收的 O2O（online to office，线上到线下）平台，将信息技术应用到电子废弃物回收处理行业过程中来，打通线上回收和线下处置环节，实现电子废弃物回收的科学化和智能化管理，如 E 环365，四川长虹格润再生资源有限责任公司建立的 O2O 回收网络。专门的互联网回收网站应运而生，如爱回收、回收宝、易机网、回购网、乐回收、淘绿网等；一些知名互联网企业也加入到废旧电器电子产品回收行列，如联想集团的"乐疯收"上线，格林美股份有限公司推出"回收哥"APP，百度发起成立"百度回收站绿色服务联盟"，京东集团等也都开始进入废弃电器电子产品的回收领域中来。同

---

① 《废弃电器电子产品回收处理管理条例》知识竞赛组委会.《废弃电器电子产品回收处理管理条例》知识竞赛获奖名单公告. http://www.anhuinews.com/zhuyeguanli/system/2010/06/07/003075697.shtml[2015-09-09].

时，以阿里巴巴网络技术有限公司旗下闲置交易平台"闲鱼"APP 为代表的电子产品二手交易平台也开始搭建，使得我国多年来试图发展却一直不成功的电子产品二手交易迅速走红。可见，"互联网+"为企业的参与提供了更为广泛的途径，也使企业在电子废弃物回收处理中的作用得以更大的发挥。

在 NGO 方面，以中国家用电器研究院为代表的行业技术服务机构，在政策建议和执行中也发挥着重要的作用。作为由中央机构编制委员会办公室批准设立、国务院国有资产监督管理委员会举办的国家级权威技术服务机构，中国家用电器研究院建立了科技创新平台、技术服务平台、信息服务平台，为政府、行业、企业及用户提供服务。

总之，在我国电子废弃物回收处理政策的形成和实施准备过程中，NGO、公民个人和企业都进行了积极的参与，发挥了重要的作用。

7.2.3　我国电子废弃物回收处理政策过程中公众参与存在的问题

虽然在政策问题构建和议程设定过程中，NGO 的参与发挥了较大的作用，但总体而言，我国电子废弃物回收处理政策过程中的公众参与的层次、水平和参与者的能力等都还存在很多问题。

1. 被动参与和低层次参与

一项政策的制定过程和执行，离不开政府部门的权威作保障。在我国的政策制定过程中许多政策都是由高层机关做出决策。政策的理想化形态是利益博弈的均衡结果，但实际上政府的垂直权威或价值观在政策过程中始终起主导作用（冯贵霞，2014）。在我国电子废弃物的管理决策过程中，虽然政府部门不再是政策过程的唯一主体，电器电子产品的生产者、行业协会、非营利组织、正规回收处理企业也逐渐参与到电子废弃物管理政策的出台中来，在政策问题构建阶段环保 NGO 还发挥了相当重要的作用。但总体来看，政府部门主导、社会公众被动参与的特点还是十分明显的。比如，企业在政府的要求下，逐步进行试点工作；有关电子废弃物回收处理的法律、规章，大多数都是在草案初步形成后，通过传真、信函等书面方式征求有关部门的意见，专家和行业内人士的座谈会、论证会、行业交流会等形式也使用较多，但普通公众无法参与进来，对具体政策知悉较少。近年来，随着互联网技术的发展，通过网络宣传，公众对政策的了解越来越深入，但大多都是在草案出台后，在现有草案基础上征集意见，公众的建设性意见不容易得到表达和重视。

同时，政府在公众参与前的政府信息公开不够全面，在公众参与后的信息反馈也没有得到重视，部分公众虽然参与进去，但对于最终的政策结果与公众参与的关联程度、政策在多大程度上体现了公众的意见则无从知晓。这在很大程度上折损了公众参与的意义和效果。

此外，公众对自己在电子废弃物回收处理过程中能发挥的作用、应承担的责任认识还不够深入，加上公众对电子废弃物的认知还处于浅层次，对具体的回收处理知识了解的还不够深入，缺乏足够的科学素养，决定了我国公众即使参与电子废弃物回收处理政策过程，也只是处于层次较低的参与。例如，在政策制定过程召开的会议中，部分公众代表只是简单地参加会议，其意见、建议由于缺乏针对性、建设性，并不能被考虑或采纳。

2. 未做到全过程参与

在我国环境保护领域，公众参与的影响力日益扩大，方式日趋多样化，在一些典型事件中发挥了较大的作用。但是在政策制定中公众参与的常态化和体系化尚未形成。具体到电子废弃物回收处理政策制定过程中，除最初的政策问题构建外，公众参与主要是在政策实施阶段作为政策目标群体进行参与，或帮助政府推进政策执行，在其他阶段的参与非常少。

3. 部分主体未被纳入政策过程，不同主体间尚未形成主体整体意识

电子废弃物回收处理参与的主体主要包括生产者、销售者、消费者、个体回收者、正规回收处理企业、行业协会、环保 NGO 等，各个主体具有不同的参与形式和职责。《废弃电器电子产品回收处理管理条例》从出台到实施，经历了一个较长时间的咨询、探讨和试点过程，大部分公众主体也都有所涉及，但是在电子废弃物回收处理领域我国特有的公众参与主体——个体回收者（小商贩）却未被纳入其中，而他们恰恰是主要的回收主体，这种情况迄今为止也没有改变——目前，我国以个体回收者为主的格局仍未打破，回收成本居高不下。2016 年处理企业回收渠道仍是以第三方回收商为主，占全部回收量的 90%以上。虽然有实力的处理企业努力构建回收渠道，但整体占比较小（中国家用电器研究院，2017）。因此，如何将个体回收者纳入到政府政策执行的轨道，仍然是一个待解的难题。

7.3　我国电子废弃物回收处理政策过程中的公众参与的推进

7.3.1　西方国家的经验

西方发达国家在电子废弃物回收处理政策方面积累了一定的经验，其中，与政府决策的一般过程相适应，公众在政策过程中的参与得到了充分的重视，也发挥了非常大的作用。例如，荷兰是欧盟国家中较早开始重视废弃电器电子产品回

收处理的国家，1998 年 4 月 21 日，在欧盟"废弃电子电气设备"指令出台以前，荷兰就出台了《白色家电和棕色家电法令》，其要求近似于后来欧盟的废弃电子电气设备指令的规定。1999 年 1 月，荷兰进一步将大宗家电和信息产品包括在法律规范范围内，到 2002 年 1 月，荷兰已将所有的电子电器产品纳入法律管理的范围中来（国家发展和改革委员会资源节约和环境保护司，2012）。荷兰从起草到实施《白色家电和棕色家电法令》总共经过了 7 年的漫长时间。1992 年，荷兰开始关注电子废弃物的回收处理立法，政府、地方当局、企业界和处理企业各方展开了激烈的讨论。在原则、思路和理念等方面，虽经过反复的讨论也没有形成一致的意见，但各方同意开展一些试点来进行探索。生产者责任延伸制度试点在 1996～1997 年得以实行，逐渐开始探索电子废弃物回收处理的产业化模式。在政府和生产商的支持下，选择了几个市政回收点和 2 个资源循环处理企业进行试点，运行一段时间后逐渐达到了回收和处理量。通过试点，对回收处理成本进行测算，明确收费标准。试点后，各方对制度的可行性达成了共识，荷兰在 1998 年颁布了该法律。7 年中，利益相关者和普通公众的广泛而积极的参与，为政策的出台做出了很大的贡献。而在政策实施过程中，欧盟国家和美国等国家，都对各参与主体的职责和权利进行了明确规定。

值得一提的是，许多西方国家还设立了专门对电子废弃物回收处理政策执行进行监督的单位，使得公众参与到政策监督的过程中来。比如，日本的"家电产品协会"是专门审核《家电再生利用法》执行效果的组织机构；荷兰的金属及电气产品处置协会、德国的废旧电器登记基金会等都专门对电子废弃物回收处理实施管理。西方国家的经验和做法，为我国提供了经验借鉴。

7.3.2　推进我国电子废弃物回收处理政策过程的公众参与

1. 推动公众参与政策制定全过程

（1）政策问题确认阶段。作为政策过程首要环节的政策问题确认，通过对政策问题发生的根源、发生机制、发生条件、发展变化及现实影响等进行详细分析，对将要进行的政策方案制订的具体方向和内容及政策执行有很大的影响（王骚和许博雅，2012）。问题确认阶段主要是信息的捕捉，决策者应给所有相关的公众、企业、NGO 和个人以意见表达发言的机会，并对意见做出反馈，逐渐推动信息的生成和发展，最终准确确认政策问题。比如，政府通过广播、电视、报纸、网络等传播媒体，以及新闻发布会、通报会等形式进行新闻发布，向电器电子产品的生产者、销售者、消费者、正规回收处理企业、个体回收者、环保 NGO 介绍政策问题确认情况，包括政策预期、环境影响和解决措施等，让公众了解电子废弃物的相关信息并以此为媒介来表达自己的意见、建议，从而得到公众的反馈信息。

针对个体回收者，可以通过实地走访调查，调研个体回收者的具体回收状况及收集电子废弃物的具体流向等问题，了解其对电子废弃物正规回收处理的看法，掌握充足的一手资料。

（2）政策制定阶段——政府部门和公众的深入互动。政策制定是根据需要解决的某些政策问题，提出一系列可接受的方案或计划，并据此制定出政策的过程（张国庆，2004）。在电子废弃物回收处理政策的制定阶段，需要各级政府和公众的深入互动。在这一阶段，公众将对政府部门及其他公众的意见、建议进行分析评判，可能会发生大范围的争论和普遍性的利益矛盾——地方政府部门代表自己本地区的利益，从本地经济发展等立场出发，思路可能与中央政府部门政策制定的初衷相矛盾；行业协会与其他社会组织则从社会环境和经济发展的角度对电子废弃物的回收处理提出合理化的政策建议；电器电子产品的生产者、销售者、正规回收处理企业、个体回收者进行生产、销售和回收活动，本质都是为了获取利益，其在政策制定中首先代表的是自身的利益；消费者购买产品是为了花费最小的代价，充分利用产品的使用价值，满足自身生活需求，并希望能对电子废弃物进行简单化、高收益的处理，但消费者同样对环保有所要求。不同公众主体，利益出发点不同，关键是要让社会公众有参与、意见表达和被倾听的机会，并进行深入探讨，寻求公众利益的平衡点，努力达成共识。

（3）政策宣传阶段——政府部门和公众行动的整合。电子废弃物回收处理政策只有被公众了解和熟知，才能被更好地执行，因此在各级政府部门和公众的参与下制定的政策，面向全社会的推广必不可少。在电子废弃物回收处理政策的推广阶段，首先需要各级政府部门在各级政府间进行宣传，管理部门内部重视起来；同时对外建立良好的信息沟通网络，充分利用广播、电视、报纸、网络等传播媒体来向公众宣传政策，以充分整合以电器电子产品生产者、销售者、正规回收处理企业、个体回收者、行业协会、其他社会组织和普通公民为代表的社会公众的行动，力求使决策最快速、最准确地传达给整个社会。在《废弃电器电子产品回收处理管理条例》的宣传推广过程中，政府部门举办的知识竞赛、开展的宣传活动及行业协会举办的研讨会都是对政策的很好的推广。在现代信息技术高速发展的情况下，对电子废弃物回收处理政策的宣传推广将会更加的便捷和迅速，这会普及更多的公众。

（4）政策执行阶段——执行对象各负其责。政策执行阶段的核心问题是将制定出的政策方案积极地落实，达到理想的政策效果，实现政策目标。政策执行阶段，除了政策执行主体的责任之外，执行对象——正规回收处理企业、个体回收者、公民个人，都应该明确各自的责任，严格执行政策，各负其责，共同承担电子废弃物回收处理的责任和义务。比如，生产者要从产品的设计到生产，都以绿色无污染为目标，从源头上减少污染材料的使用，并按规定标注产品所含有毒、有害材料的成分和含量；销售者要履行相应的废弃电器电子产品回收的责任；正规回收处理企业或者《废弃电器电子产品回收处理管理条例》规定设立的电子废弃物集中处理场要具备完善的电子废弃物集中处理设施，对电子废弃物的处理在资源综合利用、环境保护、劳动安全、人体健康、技术和工艺等方面都要符合国家的规定，而政府也应当及时按规定给予补贴拨付；消费者要通过正规途径处理自己的废弃电器电子产品等。各个主体积极参与、各负其责，才能保证政策的良好的执行效果。

（5）政策评估阶段——确保公众的监督参与权。政策评估是一种评价行为，根据一定的标准和程序，对政策的效益、效率及价值进行分析判断（王建容，2006）。目前，政策评估的参与者往往局限于行业内部的专家和企业，公众参与广度还不够。政策评估对评估人员的理论素养和实际操作能力都有很高的要求，这就需要政府部门从电子废弃物回收处理涉及的公众中，挑选出合格的人员参与政策评估；如果相关公众的评估能力不能达到要求，则由政府部门组织专门的评估专家对政策效果进行评估，但在评估操作过程中，必须确保相关公众能够实施监督，获取有关评估方面的信息，将实际感受到的政策效果与评估结果进行对比。

2. 引导公众深入参与政策过程

（1）加强对个体回收者的吸纳。如前所述，个体回收者依然是我国电子废弃物回收中的主力，个体回收作为当前电子废弃物回收的主要渠道，虽对电子废弃物正规回收体系建设产生了相当大的妨碍，也扮演了很多非法拆解者供货商的角色，但却因其具有的灵活性、便利性，给居民的电子废弃物回收带来方便。立足于我国电子废弃物回收处理的现实情况，完全取缔个体人员的回收活动是不现实的也是不经济的选择。但是因为个体回收者的分散性，电子废弃物被个体回收者回收后仍是处于分散状态，仅依靠个体回收者并不能真正解决电子废弃物的回收问题，还要对个体回收者手中的电子废弃物进行进一步的收集和集中。因此，应加强对个体回收者的监督和引导，将他们逐步吸纳到规范化的电子废弃物回收渠道中来。比如，将从事电子废弃物回收的个体者组织起来，使他们与正规回收处理企业建立联系；政府部门建立并完善个体回收者向正规回收处理企业提交电子废弃物的渠道和机制，采取经济刺激使其将回收的电子废弃物卖给正规回收处理企业。

（2）鼓励 NGO 发挥更大作用。当前，除了像中国家用电器研究院这样的高级别的行业组织外，我国 NGO 在电子废弃物回收处理方面的参与以宣传、倡导为主。而在发达国家，关心并直接参与垃圾问题解决的非营利组织的范围则要更加广泛。在美国，国际电子废弃物回收商协会、电子工业联盟、全国回收商联盟等行业组织通过举办"电子产品资源化高级会议"和"电子产品与环境国际研讨会"等，为企业解决技术与发展问题。在德国，由 27 个电器电子产品生产商和 3 个协会联合成立的行业非营利组织废旧电器登记基金会，在德国联邦环境署的授权范围下，以其中立的价值，履行结算中心、注册机构的职责（李金惠等，2010）。在日本，较大的家电品牌生产商合作回收并处理其废弃物，市场销量较小的家电生产商则委托家电协会，代其履行回收和处理责任，家电协会负责那些无厂商认领的"无主家电"的回收处理（王红梅和王琪，2010）。因此，我国也可以借鉴国外经验，引导社会组织深度参与到电子废弃物回收处理的过程中来。

（3）根据政策过程阶段的不同，重点发挥相应公众主体的参与作用。以电器电子产品的生产者、销售者、消费者、个体回收者、正规回收处理企业、行业协会及环保 NGO 等为代表的电子废弃物回收处理政策过程中的公众参与主体，因各自角色的不同，在参与电子废弃物回收处理政策过程中的承担责任和参与形式各有不同。在不同的政策过程阶段，各个公众主体所发挥的作用也是不同的。比如，在政策制定阶段，行业协会因具备较为丰富的专业知识，能发挥的作用较大；在政策宣传推广阶段，环保 NGO 的推动作用较为明显；政策执行中，生产者、正规回收处理企业的专业技术回收处理技能就得到体现。因此，为了达到电子废弃物回收处理政策的最佳效果，在不同的政策过程阶段，要根据需要注重发挥重点参与主体的作用。

（4）培养公众良好的科学素养。随着现代社会的发展，公共政策制定越来越需要公众参与；另外，政策高度专业化又对参与公众的专业科学知识具有较高要求（电子废弃物回收处理政策就具备这个特点），从而导致公众因为专业知识欠缺而渐渐变得不能有实质性的参与。科学知识是构成公众科学素养的主要要素，也是测量公众科学素养水平的重要指标。具备良好科学素养的公众，拥有较好的洞察能力，能在纷繁复杂的社会现象中及时发现、提出问题，并用科学的思维方法对政策问题进行分析；在政策制定中，能够扩大政策广度，加大政策深度，提出合理的政策制定建议；在政策执行中，懂得合理分配和控制资源，以最科学标准的方法来实施政策，以求政策效果的落实。电子废弃物回收处理政策过程纳入公众参与，可以使政策更加具有可行性，需要参与者对电子废弃物回收处理方面的专业知识有所涉猎，对政策科学能有一定的了解，这样公众参与电子废弃物回收处理政策过程才能更加有益。

（5）建立电子废弃物回收处理政府信息公开、信息反馈制度。电子废弃物回收处理信息公开是公众参与能够进行的前提，没有相应的信息，公众参与就很难进行，甚至可能只是一些情绪的宣泄，无法提出建设性的意见，这样就背离了公众参与的初衷。电子废弃物回收处理信息主要包括以下两点：一是电子废弃物回收处理事宜的背景资料及回收处理的必要性、可行性，对环境可能产生的影响；我国面临的电子废弃物污染现状（包括各个省区市的具体情况）、每年产生的电子废弃物数量，以及正规回收处理企业的回收处理能力、实际处理结果等信息。二是征求公众意见的起止时间、公众提交意见的方式方法、联系部门和联系方式等内容。在公众参与电子废弃物回收处理政策过程中，这些信息都要作为政府信息公开给公众知晓。建立信息反馈制度，一方面，能更好地方便公众参与，增强公众的责任感和使命感，使其意识到自己的参与将给政策制定带来的价值和意义；另一方面，使公众知悉自己的意见和建议在最终的政策结果中有多少被采纳。这样就加强了政府与公众的交流，增强了公众参与电子废弃物回收处理政策过程的动力。

从电子废弃物回收处理政策过程中的公众参与来看，可以看出，从政策过程角度来看，城市垃圾治理的公众参与，应该是在政策过程中的全程参与。全程参与，可以有效提高公众参与的实效，有利于提高政策的科学性和可执行性及执行效果，确保城市垃圾治理目标的实现。

第8章 "垃圾政治"中的公众参与：城市垃圾设施邻避困境的化解

随着城市垃圾的不断增加和垃圾处理事务的日益复杂，垃圾问题变成政治话题，已经是普遍现象。从西方城市面对垃圾问题的历史来看，在人们从家里倒出去的每一袋垃圾的背后，都充满了社会冲突、卫生辩论、环境决策、经济利益、公私对立、社区自护、道德争论、都市荣耀……（张北海，1995）。当前，垃圾问题在发达国家、发展中国家，乃至国际社会，都与政治问题息息相关——在注重环境保护的发达国家，垃圾议题往往是选举辩论中避不开的话题，与政客们的选票息息相关，而与垃圾相关的项目，则可能会成为政党间展开政治争斗的战场；在许多发展中国家，由城市垃圾大量增加和垃圾管理落后的矛盾引发的环境污染、健康损害、居住安全等问题，正在越来越多地引发公众对政府的不满情绪和抗议行动，考验着社会的稳定；而在国与国之间，由不公平的或者违法的国际垃圾贸易（发达国家向发展中国家输出垃圾）带来的政治纠纷也越来越多。

在我国，垃圾问题同样考验着社会稳定和政府的执政能力。最突出的表现就是以垃圾焚烧厂为代表的垃圾设施建设引发的邻避冲突问题。从某种程度上说，正是不断发生的邻避冲突，将"垃圾政治"概念带到了我国政府和公众面前。本章以垃圾设施建设中的邻避困境化解为例，探讨在"垃圾政治"中，公众参与的意义和参与方式。

8.1 邻避设施与我国城市建设中的邻避困境

8.1.1 邻避设施与邻避运动

1977年，O'Hare首次提出"facilities not on my block"这一概念，指不受街区欢迎的公共设施。后来，英语中出现了"not in my backyard"（NIMBY）的表达。

牛津英语词典认为，NIMBY 最早出现于 1980 年的《基督教科学箴言报》，描述当时美国人普遍对化工垃圾极为警觉和反感的态度。在中文中，音译与意译相结合，翻译为"邻避"。可见，这个词最初是指一种态度、心态，即邻避情结。不过，后来它就被作为限定词广泛用于相关的概念，如邻避设施、邻避运动、邻避冲突等。与 NIMBY 相似的概念还有 LULU（locally unwanted land use），即地方上排斥的土地使用的意思，以及 BANANA（build-absolutely-nothing-anywhere-near-anything），即在任何地方附近都不要建任何设施的意思。

能够为社会大众带来利益，大家认为必要，但是其产生的负外部效应则会由设施附近的居民承担，因而不被附近居民接受的设施，就是邻避设施。邻避设施会带来负外部效应，包括环境污染及其带来的健康威胁、风险聚集、安全威胁，名声不佳带来的生活环境压力，心理不悦带来的心理压力，以及上述种种所造成的房屋价值受损，还有由道路修建带来的社区割裂等。

由于邻避设施的存在，受邻避情结的驱使，受影响的居民往往会采取行动去反对邻避设施的建设。邻避运动，就是指社区居民面对在他们的社区附近拟建的不受欢迎的设施时所采取的策略和行动。

从世界范围内来看，邻避运动集中出现于 20 世纪 70 年代以后，尤其是 80 年代的发达国家和地区。例如，"欢迎建设，但请远离我家后院"一度成为美国"20 世纪 80 年代的大众政治哲学"，1980～1987 年，美国有 81 家企业申请建垃圾填埋场、核电厂等设施，最终只有 6 家成功建造和运营，80 年代也被称为美国的"邻避时代"（Glaberson，1988）。同一时期，在一些欧洲国家，由核废料储存选址问题引发的抗议，发展成为影响广泛的环境保护运动。20 世纪 90 年代以后，亚洲一些国家或地区，如日本、韩国、中国台湾也不时出现以反对环境污染为主题的邻避运动。

进入 21 世纪以来，随着中国城市建设快速推进，政府大规模经济刺激政策带来的大型石化和化工项目获得了新的扩张动力，公众权利意识提高，导致邻避运动兴起。而我国正处于社会矛盾多发的改革深水期和社会转型期，邻避运动又常常演变为冲突——"群体性事件"，成为城市发展中必须正视的问题。同时，邻避设施因受到抵制而难以建设，往往会导致城市建设和发展陷入"邻避困境"，影响着城市的可持续发展。

8.1.2　我国城市垃圾处理设施建设中的邻避冲突

21 世纪以来我国城市的邻避冲突，主要是由以 PX 项目为代表的化工项目、以垃圾焚烧厂为代表的垃圾处理项目引发的。此外，磁悬浮列车、高架桥、养老院、火葬场等设施建设引发的邻避冲突也偶有发生，同样引起社会强烈关注。通过对 CNKI 2006 年以来的中文论文数据（检索主题词为"邻避"）和 Web of Science

的社会科学引文索引（Social Science Citation Index，SSCI）数据库中的 2002 年以来的英文论文数据（检索主题词为"NIMBY"）进行分析（截止时间均为 2016 年 8 月 10 日），可以发现，在我国学者对邻避问题的研究中，无论是中文文章还是英文文章，与垃圾问题相关的研究占比都是最高的（图 8-1 和图 8-2），这与其他国

图 8-1　CNKI 以邻避为主题的研究热点关键词云图

图 8-2　SSCI 以 NIMBY 为主题的我国学者研究热点关键词云图

家学者关注的焦点不同（图 8-3）。事实上，目前可查到的最早的以邻避冲突为主题的学术论文—何艳玲所作的《"邻避冲突"及其解决：基于一次城市集体抗争的分析》，就是以一座垃圾压缩站引发的冲突为分析对象的（何艳玲，2006）。以上分析说明，垃圾处理设施建设中的邻避冲突在我国邻避冲突中占据最主要的位置，而与此同时，西方发达国家中，由垃圾问题引发的邻避冲突已经不是主要关注点，由清洁能源项目等引发的冲突成为主要矛盾。

图 8-3　SSCI 以 NIMBY 为主题的国外学者研究热点关键词云图

1. 我国城市主要的垃圾设施邻避冲突事件

2006 年至今的 10 余年来，城市针对垃圾处理设施的邻避冲突事件频频发生，影响较大事件见表 8-1。

表 8-1　2006 年以来我国垃圾设施引发的邻避冲突事件

时间	城市	引发抗议的项目
2006 年 12 月～2007 年 6 月	北京	六里屯垃圾焚烧发电厂
2009 年 3 月	北京	高安屯垃圾焚烧发电厂
2009 年 4 月	上海	江桥垃圾发电厂
2009 年 5 月	广东深圳	白鸽湖垃圾焚烧发电厂
2009 年 8 月	北京	阿苏卫垃圾焚烧发电厂
2009 年 10 月	江苏吴江	平望垃圾焚烧发电厂
2009 年 11 月	广东广州	番禺垃圾焚烧发电厂
2010 年 1 月	安徽舒城	垃圾掩埋场
2011 年 4 月	江苏无锡	东港镇垃圾焚烧发电厂
2011 年 11 月	北京	西二旗餐厨垃圾相对集中资源化处理站

续表

时间	城市	引发抗议的项目
2013 年 10 月	广东肇庆	宾亨镇西林村垃圾填埋场
2014 年 5 月	浙江杭州	九峰垃圾焚烧发电厂
2014 年 9 月	广东博罗	垃圾焚烧发电厂
2015 年 10 月	广东阳春	海螺水泥窑协同处理城镇生活垃圾项目
2016 年 1~2 月	四川成都	三圣乡规划垃圾中转站
2016 年 4 月	浙江海盐	经济开发区垃圾焚烧发电项目
2016 年 6 月	湖北仙桃	垃圾焚烧发电项目
2017 年 5 月	广东清远	垃圾焚烧发电项目

从这些抗议事件发现，虽然垃圾焚烧发电项目是引发邻避冲突的主要项目类型，但是垃圾中转站、填埋场、水泥窑协同处理等项目皆遭到抵制，说明目前我国垃圾设施建设的邻避效应非常突出。在抗议事件中，有的仅止于给政府提诉求，而抗议的结果，多是项目迁移或暂停，当然也有政府与公众沟通后继续推行的。无论如何，这些抗议都造成了一定程度上不良的社会影响，同时，也倒逼政府改变决策程序，引入公众参与，同时加强对项目运行的监管。

2. 垃圾处理设施邻避冲突的原因

城市垃圾处理设施邻避冲突频发的原因，主要有以下几个方面。

（1）城市化的快速发展带来了"垃圾围城"问题、土地稀缺和公众迅速增长的环境诉求之间的矛盾。一方面，随着城市化的快速发展，越来越多的人选择了"高废弃"的城市生活方式，城市垃圾产生量不断增长，这就要求城市政府提供更多的垃圾处理设施。而城市的扩张又使得城市土地越来越稀缺，垃圾处理设施的选址问题越来越困难。另一方面，随着经济发展和居民生活水平的提高，人们对生活环境的关注度越来越高，诉求也日渐高涨。垃圾处理设施周围的居民担心环境污染和健康遭受侵害，也担心住房的经济价值贬值，对设施的容忍度变低，很多人的诉求甚至就是单一的"停止建设"，无法协商。

（2）垃圾焚烧本身就是个争议颇大的话题。从已发生的事件来看，对垃圾处理设施的反对，大多是针对垃圾焚烧厂的选址和建设，一方面，与我国垃圾焚烧发电厂近年来的快速发展密切相关；另一方面，也与垃圾焚烧这一处理方式本身就备受争议有关。关于垃圾该不该烧、垃圾焚烧厂距离居民区的合理距离到底应该是多少、二噁英排放究竟是否可控、政府监管是否到位等问题的争论经常出现在各种媒体上，使得居民的担忧情绪十分强烈。如果说像垃圾转运站、压缩站这样的设施，还可以通过技术改造、加强管理来减少恶臭和污染，从而获得居民接受的话，垃圾焚烧厂可能带来的环境风险，就是大多数居民难以接受的，因此"抵制"就成为附近居民的选择。

（3）政府在垃圾设施选址过程公开、信息透明、公众参与和沟通等方面工作欠缺。一些项目在选址过程中未能做到信息公开，也没有实质性的公众参与过程，导致附近居民获得消息后情绪激动，对项目进行抵制，这是造成垃圾处理设施邻避冲突的主要原因。而在项目顺利开工之后，如果对公众的承诺无法实现，沟通不足，仍然会导致公众的抵制。江苏无锡锡东生活垃圾焚烧发电厂就是一个典型的例子。

锡东生活垃圾焚烧发电厂前期工作进展本来是顺利的。村民对十多个垃圾焚烧发电项目进行了考察，村干部参加了多数项目的前期、中期和后期的所有讨论会、论证会，最后村委会"有条件同意"在黄土塘村建设垃圾焚烧项目。村委会提出了 4 个条件：运输过程中不能抛洒滴漏，不能有味道；垃圾储存时不能影响土壤质量；焚烧过程中不能有黑烟和臭味；焚烧后烟气排放不能对当地大气环境产生不良影响，不能影响老百姓生活质量。只要满足了这几个条件，项目就可以建设运行。无锡市政府、锡山区政府和企业一一承诺，村干部也进一步对村民的每一个疑问进行了实事求是的解释。黄土塘村向企业提出补偿条件，让企业出资提升村里的环境基础设施建设水平。村支书力图努力打造一个垃圾焚烧项目与村民和谐共建的典范。项目的前期工作一直很顺利。对防护距离内 249 户居民的拆迁，只用了 20 天；进行环境影响评价意见调查时，249 户全部同意。

但是，2011 年 1 月 13 日，锡东生活垃圾焚烧发电厂 1 号焚烧炉开始投料，调试设备。村民们闻到了刺鼻性气味，看到了黑烟。项目公司方给政府部门的书面解释称，由于当时气压、气温较低，一次性投料太多，垃圾不完全燃烧，导致短时间刺激性气味外泄。然而企业并未提前告知村民这是设备调试或试生产，引起了居民的疑虑。2011 年春节过后，受网络上关于垃圾焚烧发电厂的可怕说法的影响，加上调试设备时冒了黑烟，大家越来越担心，村民们希望政府相关部门对一些问题给出明确答复。在没有得到及时、明确答复的情况下，2011 年 4 月 1 日起，少数村民封堵了锡东生活垃圾焚烧发电厂大门，原计划于这个月完成调试的项目被迫停止建设。10 天后，锡山区发布《关于无锡锡东环保能源有限公司有关问题的几点意见》，做出"在国家权威部门结论性意见出台并得到群众认同之前电厂不再开工"等 4 项承诺。事件暂时平静下来。但是，5 月初"二噁英会死人的"的说法再次引起村民恐慌。虽然随后到来的项目评估专家组给出了评估意见，认为"设备配置先进"，调试时产生的问题是可以解决的，但这些结论没有消除村民们的巨大恐惧。当地政府分派了公务人员到各家各户进行宣传解释，仍无法取得村民的信任。最终，完工 90%的锡东生活垃圾焚烧发电厂项目宣布停工。这一结局似乎是村民"得胜"，而实质上，地方村民、政府、建设单位 3 方均陷入无比尴尬的"三输"泥沼（郭薇和姚伊乐，2014）。无锡市投资 15 亿元（其中企业投资近 10 亿元，政府投入 5 亿元），日处理能力为 2000 吨的锡东生活垃圾焚烧发电厂沉寂近 6 年，造成了巨大的经济损失，直到 2016 年 12 月 9 日才终于宣布复工[①]。

可见，即使政府在选址初期做到了公开透明、公众参与，如果在后续的工作中缺乏连贯性和专业性，不能与公众保持良好的沟通，不能保证持续有效的公众参与，邻避冲突仍然难以避免。

（4）新媒体时代，由于网络传播的放大效应，垃圾设施，尤其是垃圾焚烧设施已被污名化，公众敏感度极高，同时导致已经发生的事件的"示范效应"广泛传播，导致垃圾处理设施，尤其是垃圾焚烧厂邻避冲突发生频率高。

（5）相对于其他邻避设施，垃圾处理设施的建设更加不可避免，需要尽快找到解决方案。从已发生的城市邻避冲突来看，大多数的过程是项目获得批准或已经开始建设—居民反对—政府辩解—居民继续反对—撤项或进一步征求意见、重新选址或在原址建设。遭遇邻避冲突的 PX 项目等化工项目，大多被撤项或迁址。然而，城市垃圾处理设施与化工项目不同。城市垃圾是城市生活必然产生的副产品，在产生量越来越大的情况下，必须得到更加妥善的处理，必须要建设更多的垃圾处理设施。这是城市政府面临的难题，也是每一个城市公众的责任。一时的邻避冲突可能导致某一项目暂停或撤销，但只要城市生活还在产生垃圾，只要垃圾减量在短时间内难以做到，就迟早要面对垃圾处理设施的选址问题。

8.2　城市垃圾处理设施邻避困境的化解：国内外的经验与教训

8.2.1　国外的经验

邻避运动兴起于欧美、日本等发达国家，城市垃圾处理设施的选址也是引发邻避冲突的主要原因之一。不过，当前，除了有毒有害废弃物的处置设施外，这些国家与生活垃圾处理设施相关的邻避冲突已经很少。观察这些国家化解邻避冲突的教训与经验，将有助于我国对垃圾处理设施邻避困境的应对。

1. 美国的经验

美国土地广大，早期在设置如垃圾填埋场、化工厂甚至核电厂等邻避性设施时极少发生厂群冲突。但到了 20 世纪 80 年代以后，情况发生了戏剧性变化，美国进入了"邻避时代"。

---

① 中国恩菲. 2016. 中国恩菲投资无锡锡东生活垃圾焚烧发电 BOT 项目复工. http://huanbao.bjx.com.cn/news/20161215/796978.shtml[2017-06-06].

　　美国的邻避运动主要针对核废料处理设施、监狱、低收入者住房和戒毒设施等，人民反对此类设施选址本社区的理由很多，包括健康问题、房产贬值，以及交通噪声和其他外部性问题。城市垃圾处理可能不是一个惊人的话题，但是随着城市垃圾产量的不断增长和处理设施潜力的有限，社区越来越多地面对如何处理他们日常生活的副产品的决策难题，垃圾处理也引起了很多公众的关心、忧虑和积极的行动。研究表明，选址问题充满着公众对地方政府决策的不信任（Johnson and Scicchitano，2012）。

　　美国邻避运动在 20 世纪 80 年代爆发的主要原因，是在过去的几十年间，人们的参与意识和环保观念有了很大提高，而设场程序中却没有加入公众参与这一要素。在一些人看来，"邻避"一词包含着一种狭隘自私的、"厚脸皮的"追求，邻避运动的参加者凭借"化学恐惧"和对环境保护的狂热，试图使工业经济屈从于他们，认为他们是公共政策制定者的烦恼。在另一些人眼里，邻避是西方民主的胜利，是正直的公民们联合起来寻求政治和环境公平，开辟"生态民主"的时代。但也有学者摒弃上面两种解释，将邻避看作一种地方对紧迫问题的现实反应：国家和地方政策设计不佳，实施拙劣。官员们代表州、省和垃圾管理公司，他们不去认真地进行公众协商，而总是倾向于依赖经济和技术的标准指定想要的地方。官员们认为，通过强力的管制策略（强制占有）或通过经济利益吸引（赔偿），选址目标就能够实现。从佛罗里达到不列颠哥伦比亚，这两种方法导致了十年多来对选址计划的反复抵制。在美国和加拿大，它们还造成了一种普遍氛围——在有害垃圾管理中扮演一些直接角色的公共和私人机构遭到人们的讥笑。在有害垃圾管理的公共政策设计和实施中所犯的错误太多，以至于近一步的政策选择变得困难。（Rabe，1994）

　　1990 年，美国召开了设施设置国家研讨会，总结了过去十年的教训，制定了一套"设施设置准则"（facility siting credo）。

　　"设施设置准则"认为，许多受影响的群体没有被给予合理的参与途径，而当设施的影响结果出现以后，已经太晚了。一些社区偶尔被要求接受超出其"公平负担"的、不受欢迎的土地使用，而减缓负面影响的承诺并非一直被遵守。财政的约束和截止时间的限制经常被用来切断公众辩论。该准则的主要建议有：①制定一个基础广泛的参与程序。在整个选址过程的每一个阶段，所有受影响的群体的代表都应当被邀请参与，并得到帮助。这种参与可以通过对关键利益相关者的访问或调查实现，或者通过具有广泛代表性的任务小组或顾问委员会实现，任务小组和顾问委员会应被给予实现有效参与所需要的资源。②在"现状不能接受"这个问题上取得一致意见，即让利益相关者同意：无论现在还是将来，这个设施是必要的。③寻求共识。必须努力使所有重要的利益相关者表达他们的价值观、担忧和潜在的需求与希望。在建立共识的过程中，应该通过积极地公开辩论，普及专业知识。通过寻求新的问题框架或利益均衡的不同方法来处理分歧。④建立信任。达成共识的最重要障碍可能就是缺乏信任。不信任的一个主要来源是"如果技术上认为是正当的，程序上是符合要求的，社区就必须接受"的假设。建立信任的一个方法是承认过去的错误，避免发出不能实现的声明和承诺。在其他地方的负责任的设施管理示范可能是最有效的建立信任的途径。⑤选择处理问题的最佳方案。应当以非技术性语言公开一份全面的、可供选择的解决方法列表，并标明这些方法的长期和短期的影响（包括如果不采取任何行动的话可能造成的结果）。技术性的选择应当建立在社区居民意见表达的基础上，他们可能比任何专家都了解"现场"问题。⑥确保达到严格的安全标准。不能要求任何社区居民在其基本的健康和安全问题上让步。⑦完整阐述该设施的所有负面影响。如果负面影响不可避免或减缓到使受该设施影响的各方满意的程度，可就各种补偿进行谈判，这些补偿由利益相关者进行详细说明。协议可以包括对财产价值的保障；如果损失难以避免，则另外为居民创建与原先类似的生活环境；确保一旦发生污染，相关服务能够得到保障（如供水）。经过谈判确定下来的、针对任何有害影响的、严格的赔偿计划表应当写入书面选址协议。⑧使所在社区变得更好。提供一系列福利，让社区居民感到有这个设施比没有好。这些福利包括：承诺长期谋求社区发展、财产税减免、不再在该区域设置其他 LULU 设施。⑨使用"可能（或有）协议"。写明在事故发生、服务中断、条件改变或关于困难及影响的新的科学信息出现的情况下将要怎么办。例如，在什么情况下应该临时或永久关闭设施、采取行动的职责安排，并提供一些措施，以保证那些严格的承诺能够实现，并且不产生负面影响。⑩通过自愿程序寻求可接受的选址。用潜在的福利去激励自愿行为，如新的收入、职业、减税。⑪仔细考虑有竞争性的选址程序（在有多个社区自愿被选的情况下）。⑫地理上的公平。即使得到社区同意，也不要在一个地方设置太多的有害设施。应建设一些小型的设施以分散设施的负面影响，而非建设一个大型的设施。⑬设置符合实际的时间表。一个好的选址程序应该允许所有各方有充分的时间去思考所有可选择的选项，权衡搜集到的技术证据。如果感觉被排斥在选址程序之外，反对者将有很多行政的和法律的手段去阻碍进程甚至使程序停止，因此，"为了快，要慢下来"。⑭始终保持多元选择的开放性。即使是在程序的最后阶段，也不会只有一种选址可能。如果只考虑一个地址，该社区会认为受到歧视（Kunreuther and Susskind，1991）。

"设施设置准则"为美国邻避设施选址问题提供了比较全面的公众参与原则，很好地帮助美国解决了邻避冲突频发的问题。

2. 日本和韩国的经验

日本和韩国国土面积较小，两国都选择焚烧作为主要的垃圾处理方式。不过，焚烧的前提是先源头减量、分类投放，然后回收利用，不能回收利用的，再进行焚烧和能量利用，最后再进行填埋处置。例如，韩国的釜山市通过垃圾分类，资源回收利用率达 68%以上，不可回收部分中，焚烧占 26%，填埋只占 6%。日本东京都 1958 年建设了第一座垃圾焚烧厂，目前已经实现了回收利用后剩余生活垃圾的全量焚烧处理。在两国的垃圾焚烧厂的选址和运营过程中，邻避冲突也曾同样存在。不过，经过多年努力，公众已从最初反对抗议到如今理解接受。两国的做法主要有：①政府和企业信息公开，态度开放透明，居民诉求得以表达，从而赢得公众理解和积极参与。②重视社情民意，引导公众参与。注重通过不同渠道广泛收集社情民意，加强与专业环保社团的合作，构建个体公众、企业、NGO 等力量参与政策实施的网络体系。例如，韩国最有代表性的社会组织之一——绿色首尔市民委员会，就是政府与市民沟通的重要渠道，地方议员也会发挥中间机构的通道作用，实现双向对话协商解决。③完善技术标准，消除公众疑虑。④界定权利权益，强调依法行政。政府在应对邻避冲突时，强调以法律为准绳。在与企业、居民进行说明、磋商、协调时，会各有让步，以确保各方利益平衡，但前提和底线是必须遵守国家法律法规，避免出现走向另一个极端的现象。例如，在韩国，垃圾处理设施的公益性受到法律保护，政府规定各市要依据"本地垃圾本地解决"的原则自行建设焚烧处理设施，财力不足的可联合建设。当出现矛盾时，政府会依据相关规定进行协商，但在信息交换和协调过程中，政府会向中间机构或居民代表明确哪些问题可以协商、哪些必须按照法律规定操作。⑤利益互惠共享，赢得理解支持。日韩两国焚烧厂选址原则，是将其定位为资源能源中心来进行综合考量，并通过改善生态环境和建设便民设施等方式实现与居民利益共享，以此减少了邻避冲突（张辉，2017）。

3. 新加坡的经验

作为一个面积只有 719.1 平方公里的小岛国，新加坡没有办法将化工企业和垃圾焚烧厂安置在偏远的荒郊野岭之中。位于新加坡岛西南方的裕廊岛作为化工设施集中的地点，距离新加坡岛只有大约 1 公里。新加坡疏解邻避效应的成功经验主要是：①严格管理容易诱发邻避效应的项目，确保安全生产措施的落实，并采取重罚的手段，让环境违法的成本远高于收益。②全面透明、加强沟通，让公众真正了解风险，从而赢得信任，消除心理上的排斥感。例如，即使是在管理非常严格的裕廊岛，在保证安全的前提下，也会按规定组织公众进入工业设施内部进行参观，实马高岛垃圾填埋场也允许公众登记申请参观，还会组织公众教育活动。当裕廊岛发生炼化厂火灾时，在能够看到火灾现场的地方，当地消防部门负责人和炼化厂的高管，每隔几个小时就召开一次记者会。介绍救火进展，画图解释火灾现场的风险点在哪里，接受记者的追问。正是这些良好的沟通，让公众保持了对项目管理的信任。虽然风险无法百分之百避免，但公众通过政府的严格管理、信息公开，看到了项目安全性的保障。③不断提升受影响区域的吸引力。在受到相关项目影响的地方改善环境，给当地公众带来福利。例如，近年来，政府在与裕廊岛隔海相望的西海岸一带建设了大片绿地和儿童乐园等公众设施，成了新的地产热点。在风险项目附近建设养老公寓、完善配套的医疗设施等举措，也能让附近居民受益，疏解邻避效应造成的心理影响（陈济朋，2016）。

4. 法国的经验

作为世界核电大国，法国 75%以上的电力供应来自核电。在核电建设邻避冲突的化解问题上，法国积累了丰富的经验：建立强有力的法律和监管体系、注重信息透明与公众参与、注重大企业的行业公信力建设。①建立强有力的法律和监管体系。在核工业的实践过程中，法国逐步制定了覆盖范围广、分类详细的大量法律法规，建立了行之有效的核能监管体系。《核透明与安全法》（2006 年颁布）奠定了国家核能监管的基本框架，核安全局也被赋予独立监管机构的法律地位，其技术支持主要来自法国辐射防护与核安全研究所的数百名专家。《绿色增长能源转型法》（2015 年 8 月颁布）则进一步扩大了法国核安全局的监管范围并赋予其处罚权，同时强化了该机构在公众沟通领域的职责。②注重信息透明与公众参与。坚持信息透明、重视公众知情权是法国核能事业能够顺利开展的关键。在信息透明方面，法国的一个特色经验是核设施地方信息委员会。这个机构最早出现于 20 世纪 80 年代，起初并非官方机构，旨在根据自愿原则监督核设施安全，并促进核电企业和居民之间的沟通；而《核透明与安全法》确定了委员会的法律地位，并提供经费，让地方信息委员会更好地在核电运营企业与核电站周边居民之间发挥桥梁纽带作用。2016 年，法国共有 38 个核设施地方信息委员会，工作具有独立自主性，成员包括当地民选议员、工会、企业及环保组织代表等，长期追踪核设施的安全信息及影响，定期举行例会并代表居民与核电运营企业对话、组织公众研讨会等，有的委员会还自愿对每月核电站发布的运行信息进行分析。按规定，核电运营企业应及时告知核电设施运行中出现的大小事故，并在 8 个工作日内对委员会提出的问题做出答复。在公众参与方面，《核透明与安全法》明确规定，公众有权准确、及时获取与核项目相关的信息，任何核项目的开展都必须与公众沟通。自 2002 年以来，法国核安全局平均每年在其网站发布 700 多份监察报告供机构和个人调阅。该机构还通过公共信息中心、官方网站和多个社交媒体平台向公众普及核知识，组织展览、电影放映和研讨会，接待民众访问。③注重大企业行业公信力建设。核电运营企业主动走近老百姓，积极参与到核电安全宣传和行业公信力建设当中，也有助于获得公众对核电的信任。作为全球最大的核电运营商，法国电力集团在信息透明、核知识和核能文化推广等领域扮演着重要角色。当有核电相关重大事件发生时，法国电力集团都会对公众舆论的新趋势及时反应。加强与媒体沟通，建立新闻发言人制度也是核电企业满足公众知情权的重要途径。例如，2011 年日本福岛核事故发生后，法国电力集团曾组织 400 名工程师，历时 6 个月完成了 7000 多页的核电站"补充性安全评估"及改进措施建议，上报至法国核安全局。3 个月后，法国核安全局出具结论，认为法国电力集团的核设施符合安全标准，并将报告和结论全文发布在网站上（张雪飞，2016）。

8.2.2 国内的经验

20 世纪 80 年代末，我国台湾地区的邻避运动开始激增。台湾针对垃圾处理项目的邻避运动的兴起，主要原因有三个大的社会和经济背景：环境意识的觉醒，城市边缘土地价值的提高，政治放宽限制的过程及来自公众的自救行动的兴起（Shen and Yu，1996）。这些由地方污染受害者发动的自救行动与其他国家和地方的邻避现象十分相似。台湾地区在应对邻避冲突的过程中积累了许多成功经验。进入 20 世纪以来，随着我国垃圾处理设施建设过程中邻避冲突的增多，广州、杭州等城市也逐渐摸索和积累了一些经验，从开始时的疲于应对，到主动采取措施进行化解。

1. 台湾的经验

1984 年，台湾已无空间继续填埋垃圾。1986 年，台湾定下了垃圾"以焚化为主，掩埋为辅"的处理方针，并把焚化处理列为中长期垃圾处理方法。从 1987 年台湾第一座焚化厂内湖厂修建开始，几乎每一座都受到选址地居民的强烈抗议和阻拦。其中，彰化溪州垃圾焚烧厂在开工之日有多达 3000 多名居民前往抗议，现场一度几近失控，台湾当局动用了 3000 名警力，才保证顺利开工，而居民抗争一直持续了两个多月才退场，成为台湾焚化厂建设历程中最大的群体事件。

在应对垃圾设施邻避冲突的过程中，台湾地区取得的经验主要有以下几点。

（1）回馈制度，包括回馈金和一些公共设施。1988 年台湾地区环保行政管理机构明确规定，以后凡修建环境服务设施，需从每吨垃圾焚烧费中拿出部分，向选址地居民支付回馈金；同时，还为当地居民修建公共设施，区域内居民可凭身份证免费使用，邻近周边居民可享优惠价（表 8-2）。针对坚持要搬迁，或者担心地价贬值的居民，台北市政府推出"以地换地"项目，即原住民将价值较低面积较大的农用地卖给台北市政府，可获得周边面积较小但价值更高的工业用地产权。多种回馈形式和方法下，包括北投垃圾焚化厂在内的许多焚化厂才得以顺利投产。当然，回馈金制度也引起了一些争议，那么大的一笔钱，该怎么用？还有许多焚烧厂由于焚烧量严重不足，效益下降，希望下调回馈金，而社区的"胃口"却降不下来了。还有一些政客把回馈金作为讨好居民、拉选票的工具，更让回馈金变得不那么单纯。

表 8-2　台湾各县市垃圾焚化厂营运阶段回馈金制度

项目	具体内容
回馈地区	①厂址周界 1.5~2.5 公里内行政村里；②焚化厂所在地的行政区、行政里或乡镇市；③垃圾车出入主要道路；④厂址与当地村里紧邻的行政村里
回馈金来源	①每处理 1 吨回馈 200 元；②如有售电，回馈售电收入的 25%~40%
回馈金分配方式	回馈金全部回馈给前述所界定之回馈地区，并依影响程度分配
回馈金的管理	各县市邀请当地里长及环保局人员等组成委员会统筹管理
回馈金的用途	①公共建设；②美化环境；③医疗；④民俗娱乐活动

资料来源：丘昌泰（2006）

（2）严格监管，消减风险。要避免邻避运动，就要防止邻避设施可能产生的不良影响，尽量降低可能发生的污染及其污染程度，减轻居民的预期恐惧与不安，弱化产生冲突的动机（表 8-3）。台湾的风险消减方案主要有三种形式：安全保证与环保标准，环境监测（为保证设施在运营过程中达到安全保证与环保标准，相关部门会指派人员监测其操作过程，社区居民也可委托专业团体或环保团体进行不定期监测，并随时向公众提供资讯，以消除民众心理上的恐慌），环保协定。相关部门和所在地居民签订环保协定或公害防止协定，协定中明确环保标准、损害赔偿和对从业者违约时的处罚，如果没有达到约定的标准，从业者应当立即停止设施的营运，直到达到标准后才能继续经营。

表 8-3　风险消减方案对民众态度的影响

方案	民众态度转变的百分比
从业者为当地居民投保健康或生命保险	41.1%
地方民众和政府对设施实施例行安全检查	65.2%
相关部门尽力防止地下水污染与意外事件发生	60.3%

资料来源：Portney（1984）

（3）平等协商，耐心谈判。通过面对面的沟通和讨论，各自做出让步和妥协，以合理解决问题（杨芳，2015）。

（4）公众持续监督。例如，北投焚化厂刚启用时是有气味的，居民专门成立了环保志工团，对进场垃圾、排放数据、运营情况、炉渣、飞灰处理等，实行经常性督查。发现问题会立即报告台湾环保事务主管部门进行罚款，严重的甚至提请台湾地区检察机构介入，并请媒体曝光，相关部门不得不开始逐车检查，后来气味就慢慢消失了。在北投焚化厂大门口，有一个醒目的废气监测电子显示屏，实时对外直播着焚烧厂的排放数据（吴建升，2015）。

2. 广州的经验："制造同意"

2009 年，广州市政府强力推进的垃圾焚烧发电厂建设项目在遭遇番禺市民的激烈反对后，项目一度搁置，但 2010 年重新启动后逐步完成了重新选址，并力图通过政府吸纳公众参与，走出既有的邻避冲突治理的困境。广州市政府在邻避冲突治理中采取了三管齐下的方式：第一，通过论证焚烧垃圾的必要性和正当性，以及为垃圾焚烧设施"去污名化"来营造公众对政府决策的同意；第二，不断完善操作程序，通过将单一选址改为"多选一"来扩展公众的"想象与思考空间"、将政府决策与民意表达进行连接、增补环境评价信息等来塑造"程序公平"；第三，回应并吸纳公众诉求，将"反建垃圾焚烧厂"的邻避冲突成功置换为公众参与政府主导下的"垃圾治理"。其中，通过消解公众疑虑和为垃圾焚烧设施"去污名化"营造了公众对政府政策目标的认知性同意，在操作程序上的"查漏补缺"则实现了公众对政府政策目标的认同，而通过开放政策过程、吸纳公众参与则完全将公众纳入了政府主导的政策过程。正是在这种策略运作下，不仅基本上走出了邻避冲突困境，而且逐步建立了公众有序参与政府主导的垃圾治理制度。这种"制造同意"在地方政府的权威式主导与公众的自愿性同意之间建立了平衡性联系，是地方政府主动开放政策过程、吸纳公众参与的创新性治理。因此，邻避冲突治理取决于地方政府治理创新与公民社会成长的制度化良性互动（张紧跟，2017）。

3. 杭州的经验：获取公众信任，并重视群众的获得感

2014 年，杭州市中泰垃圾焚烧发电厂项目选址曾遭到附近居民反对。而在其后的两年多时间里，中泰项目却得以顺利落地。杭州市解开邻避困境的主要做法有以下几点（王慧敏等，2017）。

第一，在对煽动滋事者进行坚决打击的同时，承诺一切以人民利益为准绳，群众不同意不开工。浙江省、杭州市的主要领导均郑重承诺：项目没有征得群众充分理解支持的情况下一定不开工！没有履行完法定程序一定不开工！一定要把这个项目做成能求取最大公约数的项目，整个工程全程确保群众知情权。

第二，将工作做到位，获得公众信任。2014 年 7~9 月，中泰街道共组织了82 批、4000 多人次赴外地考察，实地察看国内先进的垃圾焚烧发电项目是什么样子。垃圾焚烧发电项目周边的 4 个核心村，80%的村民都参加了考察。亲眼看过后，村民们对垃圾焚烧项目的态度有了变化。政府随即召开了中泰垃圾焚烧项目答辩会，村民代表的问题一个接一个，像垃圾存哪里、怎么烧，二噁英和飞灰怎么控制、怎么处理，方方面面问得清清楚楚。看清楚了，问清楚了，村民的心里也就清楚了，给项目投出了"信任票"。

第三，让居民有充足的获得感。居民的"健康隐忧""发展隐忧"都要化解。杭州市专门给中泰街道拨了 1000 亩的土地空间指标，用来保障当地产业发展。余杭区计划投资 20.8 亿元，在附近几个村子打造一片城郊休闲"慢村"。此外，区里还投入 1.4 亿元，为中泰街道实施 117 项改善生态、生产、生活环境的实事工程。

这些做法使村民们能享受到住在景区里的"福利"，房子增值了，旅游热起来，就业机会也多起来，有 200 多人陆续把户口迁回中桥村。通过中泰垃圾焚烧发电项目的探索，从 2017 年开始，杭州市在原有 260 元/吨的垃圾处理费基础上，将增加 75 元/吨的标准，设立环境改善专项资金。对中泰这样承担垃圾处理的区域有所补偿，用于当地产业发展、民生项目。

　　第四，充分沟通，重视民意，公众深度参与。中泰项目落地推进的全过程，都选择了让公众深度参与。做水文和大气检测时，检测点就设在村民院子里，环境监测数据和细节第一时间公布，用公开透明打消群众顾虑。群众提出来的建议和要求——像垃圾运输要走专用匝道、建立大管网供水以避免水源污染等，也被采纳并逐一落实。政府专门成立了群众监督小组，村民到村里登个记，就可以戴上"监督证"，进项目工地实地察看。碰到地质勘测、进场施工等重点环节，政府都定期组织村民现场监督，听取项目方的介绍。

　　除台湾、广州、杭州外，深圳市和中山市也采取了大幅提升垃圾处理能力及保障垃圾处理各个环节规范标准的措施，消除公众顾虑，同时，两地政府都实行了城市垃圾处理生态补偿机制，从而化解邻避效应。中山市从 2014 年起，市镇两级按 5∶5 比例分担，按照每吨 24 元的价格，对周边居民进行补偿，深圳市补偿标准则是每吨 50 元。考虑到两地垃圾量都比较大，这笔补偿资金可谓相当可观（洪演，2016）。

8.2.3　国内外化解垃圾处理设施邻避冲突中的教训

　　虽然一些国内外城市采取种种措施，成功化解了垃圾处理设施建设中的邻避冲突，但是，在为克服邻避现象而采取的措施中，也有一些后来证明是不恰当的。其中一个比较显著的问题是：垃圾焚烧厂分散建设，导致日后一些垃圾处理厂能力不足，而另一些垃圾处理厂则无垃圾可烧。

　　为避免地区间的邻避冲突，欧盟、日本都遵循了一个垃圾管理的重要原则：在可行范围内，垃圾应该在离产地尽量近的地方处理。例如，按照这种"公平分配"理论，日本东京在 1971 年提出，垃圾应该在各区内进行处理，在这一原则指导下，20 世纪 90 年代，东京各区垃圾焚烧厂建设达到高峰。我国台湾地区垃圾处理政策也深受邻避现象的牵动，曾经采取了"一县市一焚化炉"、各自管理自己垃圾的分权政策，形成了各地方管理机构各自处理自己垃圾，各自拥有自己垃圾焚化厂或掩埋场的现象。这种分散建设垃圾处理设施的政策，在一定程度上缓解了地区间垃圾处理的邻避冲突，但多年以后，由于垃圾产生量减少、财政危机（长时间的经济衰退）、可持续的垃圾管理减量、回收、再利用的推进等原因（Nakazawa，2016），导致类似政策的终止。东京在 2003 年取消了"垃圾区内处理"政策。我国台湾地区的垃圾焚烧厂的处理总量超过需求量，而行政边界的隔阂却导致县市间焚化设备分布不均，使部分地区出现垃圾处理危机，有些地方却出现没有垃圾烧的窘境。在环保团体停止兴建焚化炉的要求下，台湾环保部门又修正政策，希望透过强制性的"垃圾跨区域处理机制"来解决垃圾处理能力分布不均问题（汤京平和陈金哲，2005）。但这又将再次面临邻避问题。

8.2.4　国内外经验和教训的启示

国内外化解垃圾处理设施邻避冲突中的教训提示我们，应当注意寻求更为长远的解决方案，避免为解决邻避冲突而造成新的问题。纵观国内外城市化解邻避冲突的主要经验，可以归结为寻求共识、建立信任和利益回馈等三个主要方面（表 8-4）。

表 8-4　化解邻避冲突的经验和途径

经验	途径
寻求共识	①全面、清晰地说明建立该垃圾处理设施的必要性及建在该地的原因，赢得公众对政府政策目标认知性的同意
	②进行专业知识的普及，让利益相关者了解该设施的技术标准是安全的，消除公众疑虑
	③面对分歧，政府应重视社情民意，以开放透明、平等协商的态度进行耐心谈判，解决分歧，达成共识
建立信任	①界定政府、企业和其他利益相关方的权利、权益，强调依法行政，操作程序完善
	②信息公开透明，让公众真正了解设施可能带来的风险状况，消除心理上的排斥感
	③政府和企业重视与居民的沟通，吸纳公众意见
	④企业执行严格的技术标准，注重行业公信力建设
	⑤政府通过强有力的法律和监管体系对企业严格监管，确保安全生产措施的落实，消减风险
利益回馈	①接受公众监督，在设施建设和运行的全过程中，公开排放信息，接受公众监督
	②征地补偿和生态补偿等资金回馈公平、充足
	③通过加强基础设施建设、服务机构建设等，使所在社区变得更好，不断提升受影响区域的吸引力

而贯穿上述三个方面经验的，则是公众参与。无论是寻求共识，还是建立信任，抑或是进行有效的利益回馈，一个基础广泛、切实有效的公众参与程序都是必不可少的。邻避一词的提出者 O'Hare 等（1983）早已指出，居民未能参与到邻避项目的选址过程，会使居民认为被排除于选址过程，因此更不愿接受选址的决定。邻避运动所挑战的，实际上是缺乏公众参与的、自上而下的城市管理模式和决策模式。我国垃圾处理设施邻避冲突中所表现出来的"政府决定—宣布实施—遭受质疑—辩解说服—撤项或暂停"的模式，也是这种抗争的体现。

垃圾处理设施建设中的公众参与，是指在垃圾处理设施的整个选址过程中和设施运行的全过程中，所有受影响的群体或其代表都应当被邀请参与，发表意见，提出诉求，进行监督，而政府应该为公众的参与提供便利、帮助和保障，对其意见和诉求做出回应。当前，公众参与在化解垃圾处理设施邻避冲突中的重要性已经在各地的实践中得到证明。

8.3 公众参与：化解垃圾处理设施邻避冲突的根本路径

公众参与是垃圾处理设施邻避冲突化解的关键途径。而在不同的国家和地区，以及社会发展的不同阶段，公众参与的制度环境和社会环境是不同的。那么，我国城市垃圾处理设施建设运营过程中的公众参与状况如何？应该如何促进垃圾处理设施建设中的公众参与？

8.3.1 我国城市垃圾处理设施建设中的公众参与的状况

当前，我国城市垃圾处理设施建设决策与运行中的公众参与，主要有以下特点。

第一，选址过程中的公众参与正在从被忽视走向逐渐被重视，但重视程度仍然不足，参与效果有限。在全国多地一次又一次的针对垃圾焚烧厂的邻避冲突事件的解决过程中，一些城市的管理者已经意识到了公众参与的重要意义，开始重视信息公开、意见征集、诉求回应等工作。但其他城市仍然会发生政府并未向社会公开项目建设规划和协议签署的情况、没有履行公众参与程序等同样的问题，形成邻避冲突。同时，广州、杭州等城市的个别案例中，公众参与的程度较深、效果较好，而大多数案例中的公众参与则尚处于比较浅的针对公众的说服、教育阶段，告诉公众项目"无害"、"危害很小"或者"危害可控"，公众参与效果有限，对邻避冲突的解决作用也有限。

第二，地方政府主导参与过程的特点明显，且深深打上了各地自身特色。当前，城市政府是公众参与的主导方，其自身的认知水平、主动性和创造性，对是否引入公众参与，公众参与的方式、参与的深度和广度等，有着决定性的影响。而选址所在地（如村镇、社区）的领导者、居民的认知和参与能力，也深深影响着参与的效果。这在广州番禺垃圾焚烧发电厂选址、杭州九峰垃圾焚烧发电厂选址和运营过程中有非常典型的表现。

第三，公众参与的环节主要出现在项目选址决策中，项目建设和运行期间的参与较少。尤其对于运行过程中出现的问题，像美国等通过协议来规定的不多。

第四，政府公信力不足，直接影响公众参与意愿和效果。公众参与的意愿和效果与政府公信力、风险认知相关性大。在很多垃圾处理设施项目决策过程中，即使有公众参与的环节，也难以达成共识。尤其是当前垃圾处理设施建设中的公众参与，并没有成为社会治理和项目建设当中的基本要求。政府所做的加强监管、增加透明度、加大科普和宣传、允许公众参与决策、尽可能满足民众合理诉求等工作，难以在短时间内起效，更无法为项目建设赢得理解和支持。面对大中城市污染物排放总量居高不下、环境质量难以快速改善、公众满意度持续下降的现状，只有当严格执法成为常态、环境质量真正改善到令人满意时，公众才有可能相信新建项目污染可控，从而接受和支持项目（阳平坚，2015）。

第五，环保 NGO 参与不足。在垃圾处理设施邻避冲突化解过程中，以环保 NGO 为代表的社会组织往往发挥着重要作用[①]：公众意见收集、意愿表达、谈判和议价能力的提升，以及公众与政府、企业沟通成本的削减，可以依靠环保 NGO 得以实现；社会组织可以扮演中间人的角色，在公众与政府之间形成一个缓冲带，避免公众与政府的直接冲突；社会组织依据自身的专业知识和判断，能够影响冲突各方的意见和立场，缓解乃至化解冲突。环保 NGO 介入邻避运动既能引导抗争理性、有序进行，也有助于将议题从私人领域的"环境维权"拓展为关乎全社会福祉的"环境保护"，还可以为公众参与环保提供专业支持。

近年来，一些环保 NGO 积极参与邻避冲突的化解过程，并发挥了建设性的作用。在参与过程中，多数环保 NGO 会进行实地调查取证，帮助居民搜集环境污染的证据，进行理性维权，专业性较强的环保 NGO 还会协助居民进行法律诉讼；一些环保 NGO 则通过项目考察，发现项目存在的环境风险，指出项目环评报告、信息披露中存在的问题，向政府部门提出建议；一些环保 NGO 还会协助政府做好舆情引导、教育宣传，疏导居民情绪，搭建政府、居民和企业的对话平台等。但总体而言，环保 NGO 在我国邻避运动中的参与还比较有限[②]。在参与的广度上，在多数邻避冲突中，环保 NGO 是没有参与的。由于环保 NGO 在组织理念、发展目标、活动重心、知识结构、人力资源等方面各有不同，对于是否应参与邻避冲突的化解有不同的观点，目前环保 NGO 参与邻避冲突化解还不是一个普遍现象。在参与的深度上，由于难以获得居民或政府的信任，自身专业知识、获取信息和进行沟通的能力不足等原因，环保 NGO 对邻避冲突的介入并不总是有效的。总之，环保 NGO 参与不足，无疑是我国化解邻避冲突力量的一大缺失。

第六，企业态度和能力对参与效果有重要影响。垃圾处理设施的建设运营企业在选址和设施运营过程中扮演着特殊而重要的角色。在整个项目中，企业的技术水平、经营能力甚至形象口碑等，都是帮助参与各方建立信任和共识的重要因素，同时，企业作为利益相关方，其权益也应该得到保障。在无锡锡东生活垃圾焚烧发电厂事件中企业试运行中出现问题导致前功尽弃，在杭州九峰垃圾焚烧发电厂事件的后续处理中企业的开诚布公，很好地说明了这一点。

---

① 如英国的英国无焚化网络（United Kingdom Without Incineration Network, UKWIN）等。
② 冉冉：民间组织与邻避运动. http://green.sohu.com/20130520/n376487866.shtml[2017-01-06].

总之，公众参与是解决邻避困境必由之路，但在我国的现实情况下，公众参与想要真正发挥作用，还有很长的路要走。

8.3.2　邻避冲突化解中公众参与的推进

邻避冲突化解中公众参与的推进，需要政府、企业、公众和环保 NGO 共同发挥作用，形成多元合作治理模式，并将这种模式制度化、法制化。

1. 政府公共管理者需要提高自身的认知水平和行为能力

一是提高对"邻避"问题的认识——从公平正义的视角认识邻避情结；了解和学习邻避冲突的发生机理和解决的方式方法，而不是茫然无措，或者应对不当。

二是充分认识公众参与对于垃圾处理设施选址和建设、运营的意义，进行实实在在的意见征询（廖秋子，2016）。同时，正确认识环保 NGO 在邻避冲突中的作用，主动邀请、支持环保 NGO 参与到设施决策和冲突解决的过程，并给予其必要的帮助和便利，当然，对于环保 NGO 能够发生作用的程度也要有理性的预期。

三是提高自身的相关知识储备和沟通能力。对于与垃圾处理、环境保护等关键问题相关的专业知识、术语等，要有充分的掌握；对于心理学、公共关系学等知识，也要有一定的了解。只有这样，才能够与公众进行有效的沟通。

四是研究、选择和设计有效的公众参与具体模式。在已有的成功实践中，邻避冲突中的参与模式是协商治理，而具体的形式有召集项目听证会、召开共识会议①等。在具体的操作过程中，需要精心设计。例如，听证会的样本分布和程序设计必须科学、合理；在召开共识会议时应注意重新界定参与主体的角色，尤其是公民的主导性角色和积极学习者角色，遵守共识会议的程序要求，重视会议结果即由公民提交的共识会议报告，并在社会上公开，使其成为对决策有影响的有益建议（王佃利和王庆歌，2015）。同时，也要认识到，协商治理这一形式也面临着来自公平、效率、价值认同及协商场域等方面的实践困境（刘超和杨娇，2016）。因此，也要充分发挥人大、政协体制内的民情感知、民智吸纳功能，形成垃圾议题的体制性反应，以推动议题的最终解决（唐彬，2012）。

2. 强化企业的主体地位和责任

理顺政府、市场、社会三大治理主体之间的关系，是落实邻避冲突多元共治的关键。前已述及，垃圾处理设施的建设、运营企业，在邻避冲突公众参与中扮演着非常重要的角色，应承担起更大的责任。

---

① "共识会议"是一个在科技专家与社会公众之间进行双向甚至多向交流，以形成彼此之间的互相理解、求同存异、达成共识的沟通模型或平台。参见许志晋和毛宝铭（2006）。

由于政府在做出选址和建设决策时，往往已经选定了负责企业，在邻避冲突中，企业自然被看成是和政府一体的，企业的信誉直接影响着公众对政府的信任，影响着冲突的发展方向。因此，相关企业除了确保自己的技术水平和管理水准达到甚至超过规定标准之外，无论是否有硬性的法律和制度规定，都应该以坦诚、开放的姿态对待公众信息公开、技术释疑、现场观察等诉求，帮助排除公众疑虑。

更重要的是，政府应该逐渐淡化与企业的"捆绑"关系，尤其是在设施运营阶段，让企业真正作为独立的一方，以协议的方式来解决企业与政府、当地居民间的权利义务关系。国外垃圾处理设施邻避冲突已较少发生的原因，除了国家处理废弃物的卫生安全标准甚高，与通过民营化方式处理废弃物也有密切关系。为了防止居民抗争或打官司，公司有动机严格控制废弃物处理过程中令人厌恶的成分（如恶臭、空气或水源污染、二噁英危害等）。当这些令居民厌恶的成分变得不明显，垃圾就与一般商品无异，而邻避情结将会得到舒缓。而在此过程中，政府可以通过提供补助、搜集相关契约或协议模板等方式从旁协助，而不宜强力介入，以维持协议的志愿性质（汤京平和陈金哲，2005）。

在以协议的方式承担基本义务的同时，由于垃圾处理设施的邻避属性，企业还需要做更多，以求得长远和平稳发展。比如，企业应积极采取主动的行动，在规划时就在征求当地居民意见的基础上做好社区远景的营造计划，让居民享受到环境和服务设施的福利；在设施运营过程中，努力为社区居民创造就业机会，主动邀请居民参与环境监测与控制，赢得居民信任，真正与社区居民融为一体。台湾新竹垃圾焚烧厂就是一个成功的案例——在进行焚烧炉规划时，厂商专门邀请著名华裔建筑设计师贝聿铭设计焚烧炉的外形，兴建后主动做好社区绿化，避免让周围居民闻到任何异味，焚烧厂还辟出专门的区域，开设恒温游泳馆和灯光球场等，供当地社区居民免费使用，当地环境检测行政管理机构也搬到焚烧厂办公，不仅让社区居民放心地居住在那里，还让焚烧厂成为社区居民休闲娱乐的好去处（阳平坚，2015）。

3. 注重公民培育

邻避冲突的化解与公众培育是相互促进的。在邻避冲突化解的过程中，通过协商机制，可以培养公众的公共精神和参政议政的能力，而这又会为邻避冲突的化解提供更有利的社会环境和条件。有学者通过对某垃圾焚烧厂反建事件的个案研究，认为邻避运动确有实现环境公民培育的可能性，具体体现在对"环境权利""环境责任""环境美德"三个维度的积极影响上。当然，公民培育并不会自然而然的发生，还需要从邻避冲突事件中总结经验，政府、社区、环保 NGO 和媒体等协作配合，进行公民培育。未来应对邻避冲突时，政府有必要转化理念，不仅着力减轻冲突的负面效应，还应致力于提升冲突各方的协作治理能力。同时，加强社区人际网络建设，推动社区维权团体与环保 NGO 在环境公民培育中的优势互补。媒体则应反思对邻避运动报道的着力点，改变偏重于"维权精神""维权策略"的报道，融入对环境危机的反思、对理性参与的引导、对环境美德的提倡（谭爽和胡象明，2016）。

4. 推动公众参与的制度化、法制化

改变目前"临时应对"的公众参与模式，建立垃圾处理设施建设项目公众参与的制度，最终走向公众参与的法制化，这是确保公众参与平稳、有效，减少甚至化解邻避冲突的必由之路。

一是建立信息公开制度，主动公开与邻避设施相关的资讯信息，因为垃圾处理设施具有邻避效应，所需公开的信息应该比一般工程建设所需公开的信息更多、更详细。同时，要注意信息的可达性，公开的渠道要多元，要让不同年龄段、不同文化水平的居民都能知晓和了解，否则也难以取得预期效果。并且，信息公开应以"有效释明"为标准，应在广而告之的基础上设立特定地点和安排专业人员（包括技术人员）对相关信息进行说明，接受询问并答疑（邹积超，2014）。

二是建立法定的垃圾处理设施决策程序，确保公众充分的参与权，以及决策过程的透明、周密。例如，明确环境影响报告书制作程序，尤其要明确回避原则，即应由辖区外有资质机构制作；环境评价必须听取当地居民的意见，并必须在环境评价报告书中对居民意见进行回应和说明；相关公众参与的档案必须保存并公开等。再如，要确保利益相关者的参与权。国家层面的规范性法律文件中并没有针对参与环境影响评价的公众选择进行明确规定，所以实践中"公众"范围的划定与选择一般由组织公众参与的单位自行裁量决定。这就使得组织者有机会避开真正的利益相关者，造成公众参与有名无实的现象，从而使后续环境影响评价报告的科学性和中立性受到公众的质疑，导致政府的公信力也受到一定影响（卢文刚和黎舒菡，2016）。

三是建立、健全有效的公众参与制度。避免和缓解垃圾设施引发的邻避冲突，仅靠完善环境影响评价中的公众参与是远远不够的，在土地、水利、建设等多领域均应设置公众参与环节，对于征地、补偿等社会矛盾多的热点问题，充分听取公众意见，减少社会矛盾。以法定形式规范邻避设施的选址决策程序，将选址的最终权利交给民众，面对政府的补偿措施加以权衡，最终决定是否接受（黄冠中等，2015）。例如，1990 年 12 月，纽约市规划局颁布了《城市设施选址标准》，即"平等共享选址程序"，除了这个标准，纽约市大部分土地利用项目都要经历"城市土地利用审批程序"，每个程序都包括公众听证会和投票，这样的运作体制最大限度地鼓励公众和各界参与（孔阳，2014）。

四是建立完善的补偿机制和保险制度。垃圾设施邻避困境的根源，是城市垃圾事务中利益共享与风险共担之间的不平衡。因此，补偿机制和保险制度是化解邻避冲突的必然选择。对于矛盾补偿机制的设计，应该考虑居民实际需求，尽量提供多元的、全面的补偿。同时，建立与邻避设施相关的强制环境污染保险制度、不动产保值保险制度等，通过保险工具降低居民的经济风险。

五是建立完备的冲突解决机制和司法救济机制。一旦邻避冲突爆发，势必要有一个有效的解决机制或者突发事件应急规定，包括环境信息公开发布、第三方监测和评估机制等。由于多数邻避冲突始于设施尚未设立之前，环境污染尚未发生，现有的以污染损害发生为前提的环境公益诉讼基本难以发挥作用。我国的环境公益诉讼制度应该进行适当的改变，将诉讼对象扩展到可能受到污染和破坏的情形（邹积超，2014）。

总之，居民发起和参与邻避运动的动机，除了担心自己面临的风险之外，还有公众对决策信息公开化、决策过程透明化、参与决策、维护自身利益等的政治要求。只有公众的全程、深度参与，才有可能从根本上化解垃圾设施邻避困境。事实证明，在垃圾设施邻避冲突的过程中，我国政府和公众都在成长。

第9章 互联网时代城市垃圾治理公众参与的创新

在快速城市化的时代，以怎样的方式认识和处理城市生活产生的数量越来越庞大的垃圾，事关每个人的行为和切身利益，在传统管理方式成效不佳的情况下，需要更为广泛而深度的公众参与。通过公众参与，厘清利益纠葛，界定政府和公众的权利与义务，推动政府与社会的合作治理，才能实现城市垃圾的"善治"。与此同时，垃圾治理中的公众参与将推动政府执政方式的转变，也会促进公众的教育、自我教育和成长，从而为推进我国治理体系和治理能力现代化提供一个切入点、一个契机。从这个意义上说，推进城市垃圾治理公众参与意义重大。

在这里，笔者将"公众"的范围界定为除政府之外的组织和个人。但是，这并不是说，"公众"的利益和行为就是一致的，或者"公众"的力量和发言权是平等的。一方面，在具体的垃圾事务上，作为利益相关方的"公众"在权利、责任、利益和损失等方面各不相同；另一方面，从更为宏观的角度上看，在我国市场化改革中，在城市治理中形成了双重联盟：致力于经济发展的增长联盟和致力于自我保护的社群联盟。从力量对比看，增长联盟处于明显的优势地位，掌握着重要资源，具有更好的组织性，拥有更大的话语权，对城市政策过程具有更大影响力（杨宏山和李娉，2018）。增长联盟的特点是行政主导，政企联盟，知识精英参与，倾向于把价值问题转化为技术问题，如垃圾焚烧厂建设中的问题。社群联盟是社会的自我保护，通过在环境、补偿等各种问题上的社会抗争，表达共同诉求，维护分散的个体权益，防止城市发展带来的伤害，如针对垃圾设施的邻避运动。在城市垃圾治理过程中，尤其是在一次次由垃圾设施引发的邻避冲突中，在一些大城市中，这两大联盟之间的沟通、妥协和合作已经初步显现。虽然还只是开始，但也已经表明，城市垃圾治理中的公众参与，为城市治理两大联盟的对话提供了一个舞台，为走向城市善治提供了一个很好的入口。从这个意义上说，推进城市垃圾治理公众参与同样意义重大。

当前，我国城市垃圾治理中的公众参与还存在很多问题。比如，普通公众和环保 NGO 在政策过程中参与不足；企业的力量没有充分发挥，也没有承担足够的责任；公众参与垃圾分类的程度在提高，但广度和深度都远远不够，而在减量方面则做得更少等。同时，公众参与还呈现出城市间差异大、众多中小城市开展不足等特点。这意味着我国需要进一步明确公众参与城市垃圾治理的目标，不断探索新的推进方式。

人类自 20 世纪 80 年代进入了全球化、后工业化进程以来，我们事实上已经进入一个高度复杂性和高度不确定性的社会，而且，这种高度复杂性和高度不确定性以风险与危机的形式表现了出来（张康之，2014）。在这一条件下，社会治理面临着前所未有的挑战，使社会治理发生了从工业社会的以政府为中心的控制导向的治理向合作治理转变。合作治理打破了政府对社会治理的垄断，是一种由多元治理主体通过合作互动的方式而开展的社会治理。合作治理是与合作型的信任联系在一起的，在现实的社会发展进程中，合作型的信任关系是与合作治理模式一道成长起来的（张康之，2006）。而方兴未艾的全球化和后工业化，把我国同发达国家置于同一个变革的平台之上，通过对国外的学习和模仿来解决问题变得越来越困难，社会治理方式方法的创新，需要我们自己探索。

在探索创新的过程中，互联网及信息技术的不断发展，"互联网+"行动计划的持续推进为我国城市垃圾公众参与的发展提供了巨大的机遇。

第一，有助于建立垃圾治理信息共享机制。政府、企业信息公开和共享，是公众参与和合作治理的前提。同时，在互联网时代，组织和个人以自媒体的形式存在，不再只是信息的被动接收者，还是信息的制造者和传播者。城市垃圾治理信息共享机制，就是在进行城市垃圾治理的过程中，政府、企业、社会组织及个人公众为了及时、有效地共享城市垃圾治理信息，在建立安全保障、政策体制、激励措施和相应标准的基础上，通过对城市垃圾治理信息进行及时的收集、整合、优化、分析，以实现不同参与主体间有效、合理地使用共享信息资源的一种动态过程。建立这样一套机制，需要解决以下问题：共享平台和共享系统的建立；对信息进行筛选、分类、整合、统计和分析；严格执行信息共享的准则和制度。互联网时代，这些问题所需要的相关技术手段已经成熟。信息共享机制有利于城市垃圾治理各利益方及时、准确了解相关信息，表达自身利益诉求，并使得这些诉求被政策制定者所接收，有助于政府在制定政策的过程中对当前形势做出更加准确的判断，进行科学决策；还可以通过大数据技术对信息进行处理，通过语义分析等对信息进行舆情监测，提高预警的准确性。同时，政府各部门、环保 NGO、企业等在统一的信息共享机制中合作交流，能够避免重复建设，加强合作的效率、降低合作的成本。

第二，为建立高效的城市垃圾治理公共协商机制提供了技术条件。城市垃圾治理的公共协商机制就是垃圾治理过程中的多元主体进行各种诉求的表达、交流、协商，进而达成共识，利用协商的理性结果维护公共利益的一种机制。完善的公共协商机制必须保证以下几点：主体的多样性和平等性；参与的便捷性和低成本性；协商的深入性和有效性；协商过程的可监控性和可追踪性。而互联网强调用户的参与互动，尊重用户的个性化需求；网络协商活动不再受时间和地域的限制，节约成本，可在较短时间内实现多次互动协商过程；不管是文本性交流还是语音、视频类交流，互联网技术都能对其进行有效记录和监控，在广泛进行协商的同时也能有效保证协商过程的正规性和可追查性，即使有些数据被无意中删除或损坏，也能通过技术手段进行恢复。这些特点满足了建立高效的公共协商机制的基本要求，为协商机制的建立提供了技术条件。

第三，互联网与产品制造、垃圾分类、废品回收等行业的结合和不断融合，将极大地推动垃圾治理领域公众参与方式的创新。比如，2015 年，"'垃圾快递员'，拾荒者的另一种职业选择"的点子获得了西湖城市学金奖，这个点子设想将拾荒者改编为垃圾公司"正规军"，成为"垃圾快递员"，市民或各大单位通过手机客户端预约上门回收，垃圾公司的后台可以自动将"订单"派发给不同的"垃圾快递员"。这样就可以在第一个关口实现垃圾分类，既方便居民，又解决了一大批拾荒人员的就业升级，改善了城市的形象，还有助于完善垃圾回收利用的产业链，简化垃圾分类的流程，一举多得（杭州国际城市学研究中心，2015）。再如，企业可以为政府提供基于物联网的环卫工作监管系统解决方案，还可以通过专业的垃圾分类指导系统、智能化的垃圾回收设备等现代信息技术产品，依托移动互联网和大数据技术，为政府和社区居民提供高效完善的垃圾分类回收系统解决方案。

第四，有助于建立和完善城市垃圾治理的公众监督机制。公众对政府管理者和相关企业的监督，是城市垃圾治理公众参与的重要组成部分。有效监督有三个方面的含义：其一，360 度全方位监督，这可以将各个城市垃圾治理参与主体纳入到监督的过程中来，以便从不同角度对城市垃圾治理进行有效的监督。在不同的垃圾事务中，监督主体并不是固定的，要根据实际情况进行调整。其二，全过程监督，即监督要贯穿整个城市垃圾治理事务的全过程，事前监督、事中监督和事后监督缺一不可。其三，监督者具有被监督者畏惧的权力。这些都需要公众信息获取的完整性、及时性和持续性，而互联网和信息技术为我们提供了这样的条件。同时，在互联网时代，公众的声音可以被广泛传播，公众的话语权得到保障，这会增加被监督者的敬畏心，也会增强公众参与城市垃圾治理监督机制的信心和热情。

总之，互联网和信息技术的发展为我国城市垃圾治理中的公众参与提供了技术、思维和创新条件，而变革的真正发生，则离不开企业的创新精神，离不开政府的政策鼓励和大力支持，离不开社会公众的合理推动。在党和国家努力推动公众参与，建设生态文明，将推进国家治理体系和治理能力现代化作为全面深化改革的总目标的大背景下，可以预期，在互联网和信息技术的助力下，我国城市垃圾治理中的公众参与必将得到快速的发展，城市垃圾问题必将得到很好的治理；其对城市治理、国家治理的推动作用，也必将显现出来。

参 考 文 献

奥尔森 M. 2014. 集体行动的逻辑. 陈郁, 郭宇峰, 李崇新译. 上海: 格致出版社, 上海三联书店, 上海人民出版社.

奥斯特罗姆 E. 2012. 公共事物的治理之道: 集体行动制度的演进. 余逊达, 陈旭东译. 上海: 上海译文出版社: 49.

薄贵利. 2000. 中国公共管理中的公民参与. 成都行政学院学报, (4): 23-24.

布鲁金 H A D, 霍芬 H A M. 2007. 研究政策工具的传统方法//彼得斯 B G, 冯尼斯潘 F K M. 公共政策工具: 对公共管理工具的评价. 顾建光译. 北京: 中国人民大学出版社: 15.

蔡定剑. 2009. 公众参与: 风险社会的制度建设. 北京: 法律出版社: 5-7.

蔡守秋. 1982. 环境权初探. 中国社会科学, (3): 29-39.

陈炳辉, 等. 2012. 参与式民主的理论. 厦门: 厦门大学出版社: 9.

陈济朋. 2016-08-29. 新加坡疏解 "邻避效应" 之鉴. 中国社会报, 007.

陈沙沙. 2014. 14 年, 北京只多了几个垃圾桶. 民生周刊, (16): 69-71.

陈思, 朱海龙. 2009. 德国包装法第五修正版及影响. 家用电器, (6): 26-27.

陈湘静. 2016-02-23. 垃圾行业还有金矿待深挖. 中国环境报, 012.

陈晓运, 张婷婷. 2015. 地方政府的政策营销——以广州市垃圾分类为例. 公共行政评论, (6): 134-153.

陈振明. 2003. 政策科学——公共政策分析导论(第二版). 北京: 中国人民大学出版社.

崔晓彤. 2015. 城市垃圾分类的 "四位一体" 管理模式——以宁波市为例. 四川环境, (6): 123-127.

戴宏民. 2002. 德国 DSD 系统和循环经济. 中国包装, (6): 53-55.

戴迎春, 毕珠洁. 2015. 【年度报告之三】2014 年生活垃圾分类进展. https://mp.weixin.qq.com/s/tBVnh2gO-2spaeOPDHO8mQ[2017-03-05].

党秀云. 2003. 论公共管理中的公民参与. 中国行政管理, (10): 32-35.

邓国胜. 2010. 中国环保 NGO 发展指数研究.中国非营利评论, (2): 200-212.

董鹏. 2015. 开启电子废弃物的 "矿产" 时代. 绿色中国, (22): 47-50.

杜倩倩. 2014. 台北市生活垃圾管理经验及启示. 环境污染与防治, (12): 83-90.

樊京春, 时璟丽, 秦世平. 2010. 垃圾焚烧发电电价补贴方法探讨. 可再生能源, (2): 1-6.

范红霞. 2013. 生态文明视阈下公众参与循环经济法治的对策——基于公众参与电子垃圾污染防治的调查. 人民论坛, (20): 93-95.

冯贵霞. 2014. 大气污染防治政策变迁与解释框架构建——基于政策网络的视角. 中国行政管理, (9): 16.

冯庆. 2015. 从生活垃圾处置的历史发展看生态文明建设的旨归. 学术探索, (8): 99-104.

冯亚斌, 张跃升. 2010. 发达国家城市生活垃圾治理历程研究及启示. 城市管理与科技, (5): 72-75.

冯永锋. 2009-09-17. 垃圾发电的"节能减排"悬疑. 中国经济时报, A01.

郭薇, 姚伊乐. 2014-07-03. 巨资兴建的垃圾焚烧厂为何闲置?——邻避运动下的无锡垃圾处理迷局调查. 中国环境报, 001.

郭巍青. 2010. 政府面对垃圾: 要管理还是要处理?. http://view.news.qq.com/a/20100228/000016.htm[2011-12-05].

国家发展和改革委员会资源节约和环境保护司. 2012. 废弃电器电子产品回收处理研究与实践. 北京: 社会科学文献出版社: 367.

国务院办公厅. 2012. "十二五"全国城镇生活垃圾无害化处理设施建设规划. http://www.gov.cn/zwgk/2012-05/04/content_2129302.htm[2013-02-25].

国务院办公厅. 2016. 国务院办公厅关于印发生产者责任延伸制度推行方案的通知. http://www.gov.cn/zhengce/content/2017-01/03/content_5156043.htm[2017-01-05].

韩伟. 2015. 南京市银行业开展绿色公益活动 倡导垃圾分类. http://js.people.com.cn/n/2015/0827/c360301-26145161.html[2015-12-15].

杭州国际城市学研究中心. 2015. 第五届钱学森城市学金奖、西湖城市学金奖征集评选揭晓. http://society.people.com.cn/n/2015/1109/c372068-27793704.html[2016-02-06].

何孟伟, 黄世伟, 刘婧楠, 等. 2015. 助推上海市垃圾分类的"C-GSSC"循环研究. 中国人口·资源与环境, (S2): 365-367.

何艳玲. 2006. "邻避冲突"及其解决: 基于一次城市集体抗争的分析. 公共管理研究, 4: 93-103.

横县垃圾综合治理项目团队. 2013. 横县十年: 垃圾综合治理的实践总结. 北京: 知识产权出版社: 130-136.

洪演. 2016. 建立"生态补偿"机制避免"邻避效应". 人民之声, (9): 12.

环境保护部. 2015a. 关于推进环境监测服务社会化的指导意见. http://www.mee.gov.cn/gkml/hbb/bwj/201502/t20150210_295694.htm[2015-02-22].

环境保护部. 2015b. 推动公众参与依法有序发展, 提高环保公共事务参与水平——解读《环境保护公众参与办法》. http://www.mee.gov.cn/gkml/hbb/qt/201507/t20150721_306985.htm[2015-07-28].

黄冠中, 金均, 卓明. 2015. 从环境政策角度探析邻避效应——以杭州市中泰九峰垃圾焚烧厂为例. 环境与可持续发展, (1): 72-74.

黄志强. 2014. 苏州市区生活垃圾分类现状及对策研究. 苏州: 苏州大学.

霍布斯 T. 1985. 利维坦. 黎思复, 黎廷弼译. 北京: 商务印书馆: 131-132.

贾西津. 2008. 中国公民参与——案例与模式. 北京: 社会科学文献出版社: 3.

蒋佩芳. 2016-06-21. 不死的电子垃圾让"互联网+回收"成为生活方式. 每日经济新闻, 011.

金霞. 2016. 公民参与公共政策制度化的动力机制. 中共天津市委党校学报, (2): 86-90.

孔阳. 2014. 中外垃圾处理场选址中的邻避现象应对的比较分析. 城市道桥与防洪, (12): 200-202.

拉什杰 W, 默菲 C. 1999. 垃圾之歌. 周文萍, 连惠幸译. 北京: 中国社会科学出版社.

李东泉, 李婧. 2014. 从"阿苏卫事件"到《北京市生活垃圾管理条例》出台的政策过程分析: 基于政策网络的视角. 国际城市规划, (1): 30-35.

李金惠, 程桂石, 李忠国, 等. 2010. 电子废物管理理论与实践. 北京: 中国环境科学出版社: 31.

李金惠, 王伟, 王洪涛. 2007. 城市生活垃圾规划与管理. 北京: 中国环境科学出版社.

李坤晟. 2010-01-29. 垃圾围城, 一个摄影师眼中的映像. 新华每日电讯, 013.

李艳芳, 王春磊. 2015. 环境法视野中的环境义务研究述评. 中国人民大学学报, (4): 145-154.

联合国人类环境会议. 1983. 斯德哥尔摩人类环境宣言. 世界环境, (1): 4-6.

廖秋子. 2016. "邻避冲突"的成因及治理路径: "基础性权力"的视角. 福建师范大学学报(哲学社会科学版), (5): 35-42.

林妹霏. 2017-08-21. 全家坚持垃圾分类 5 年, 又环保又赚钱. 成都晚报, 002.

刘超, 杨娇. 2016. 邻避冲突协商治理的实践困境. 江南社会学院学报, (2): 76-80.

刘海英. 2011a. 垃圾危机: NGO 吹响"集结号". 中国发展简报, 1: 19-23.

刘海英. 2011b. 尴尬与期待. 中国发展简报 第 49 卷. 北京: 知识产权出版社: 24-27.

刘华新, 谢振华. 2017-06-02. 垃圾分类的横县样本. 人民日报, 016.

刘浪, 廖雪梅, 杨艺. 2015-07-14. 企业参与垃圾分类是机遇还是鸡肋?. 中国环境报, 012.

刘文楠. 2014. 治理"妨害": 晚清上海工部局市政管理的演进. 近代史研究, (1): 45-60, 160.

刘霞. 2018-07-20. 治理电子垃圾, 全球在行动. 科技日报, 02.

刘选会. 2012. "二八定律"与公民参与政府决策. 理论导刊, (2): 13-15.

娄胜华, 姜姗姗. 2012 "邻避运动"在澳门的兴起及其治理——以美沙酮服务站选址争议为个案. 中国行政管理, (4): 114-117.

楼苏萍. 2005. 治理理论分析路径的差异与比较. 中国行政管理, (4): 82-85.

卢文刚, 黎舒菡. 2016. 基于利益相关者理论的邻避型群体性事件治理研究——以广州市花都区垃圾焚烧项目为例. 新视野, (4): 90-97.

鲁先锋. 2013. 垃圾分类管理中的外压机制与诱导机制. 城市问题, (1): 86-91.

罗豪才. 2003-09-09. 健全公民参与机制推动政治文明建设. 人民日报, 015.

罗泽娇, 赵俊英, 靳孟贵. 2003. 武汉市某垃圾填埋场重金属对环境污染的研究. 地质科技情报, (3): 87-90.

吕维霞, 杜娟. 2016. 日本垃圾分类管理经验及其对中国的启示. 华中师范大学学报(人文社会科学版), (1): 39-53.

吕忠梅. 2000. 环境法新视野. 北京: 中国政法大学出版社: 258-259.

马慧民, 叶健飞. 2015. 城市生活垃圾处理中政府与企业行为研究——基于有限理性和信息不对称的视角. 开发研究, (3): 141-145.

孟元老. 1982. 梦梁录目录. 北京: 中国商业出版社: 111-112.

聂国卿. 2006. 我国转型时期环境治理的经济分析. 北京: 中国经济出版社: 30-31.

牛晓. 1998. 我国古代城市对于垃圾和粪便的处理. 环境教育, (3): 42-43.

帕特南 R D. 2015. 使民主运转起来: 现代意大利的公民传统. 王列, 赖海榕译. 北京: 中国人民大学出版社.

丘昌泰. 2006. 解析邻避情结与政治. 台北: 翰芦图书出版有限公司: 181.

瞿利建, 陈全, 瞿志凯. 2013. 城市生活垃圾分类投放研究现状. 中国资源综合利用, (12): 25-29.

曲英. 2011. 城市居民生活垃圾源头分类行为的影响因素研究. 数理统计与管理, (1): 42-51.

荣婷婷, 任苒. 2015. 关于我国特大城市生活垃圾处理的思考——以北京市为例. 宏观经济研究, (9): 144-150.

沈俊清, 郑羽. 2016-04-08. 论 PPP 模式在市政环卫领域的运用. 中国建设报, 006.
世界银行环境局, 哈密尔顿 K, 等. 1998. 里约后五年: 环境政策的创新. 张庆丰译. 北京: 中国环境科学出版社: 10-11, 22-31.
斯托克 G, 华夏风. 1999. 作为理论的治理: 五个论点. 国际社会科学杂志, (1): 19-30.
孙晓春. 2013. 现代公共生活中的政治参与. 吉林大学社会科学学报, (5): 155-161.
谭爽, 胡象明. 2016. 邻避运动与环境公民的培育——基于 A 垃圾焚烧厂反建事件的个案研究. 中国地质大学学报(社会科学版), (5): 52-63.
汤京平, 陈金哲. 2005. 新公共管理与邻避政治——以嘉义县市跨域合作为例.政治科学论丛, (23): 101-132.
汤涌. 2010. 垃圾政治——阿苏卫的“垃圾参政者”. 中国新闻周刊, (10): 30-33.
唐彬. 2012. 当垃圾围城遇上邻避效应. http://www.cn-hw.net/html/shiping/201209/35371.html [2013-01-06].
田凤权. 2014. 城市生活垃圾源头分类行为意向影响因素分析. 科技管理研究, (18): 178-180.
田华文. 2015. 中国城市生活垃圾管理政策的演变及未来走向. 城市问题, (8): 82-89.
托马斯 J C. 2010. 公共决策中的公民参与. 孙柏瑛, 等译. 北京: 中国人民大学出版社.
王聪聪. 2013-07-19. 我国超三分之一城市遭垃圾围城, 侵占土地 75 万亩. 中国青年报, 008.
王佃利, 王庆歌. 2015. 风险社会邻避困境的化解: 以共识会议实现公民有效参与. 理论探讨, (5): 138-143.
王凤远. 2007. 对建立我国综合生态系统管理法律制度的思考. 南都学坛, (5): 95-96.
王红梅, 王琪. 2010. 电子废弃物处理处置风险与管理概论. 北京: 中国环境科学出版社: 183.
王慧敏, 江南. 2017-03-24. 杭州解开了“邻避”这个结. 人民日报, 019.
王建明. 2007. 城市固体废弃物管制政策的理论与实证研究. 北京: 经济管理出版社.
王建容. 2006. 我国公共政策评估存在的问题及其改进. 行政论坛, (2): 40.
王蕾, 李自华. 2009. 迎接新中国成立的北平城市卫生治理运动. 北京档案, (9): 7-9.
王明珠. 2013. 我国垃圾处理的历史足迹. 城乡建设, (2): 48-49.
王浦劬. 2014. 国家治理、政府治理和社会治理的基本含义及其相互关系辨析. 社会学评论, (3): 12-20.
王骚, 许博雅. 2012. 论政策问题构建中的公众参与. 理论与现代化, (6): 30-36.
王树文, 文学娜, 秦龙. 2014. 中国城市生活垃圾公众参与管理与政府管制互动模型构建. 中国人口·资源与环境, (4): 142-148.
王维平. 1999. 城市垃圾的处理. 知识就是力量, (8): 8-9.
王维平, 吴玉萍. 2001. 论城市垃圾对策的演进与垃圾产业的产生. 生态经济, (10): 34-37.
王文英. 2012. 战后日本废弃物处理的历史考察. 日本学刊, (1): 50-64.
王锡锌. 2008. 行政过程中公众参与的制度实践. 北京: 中国法制出版社: 2.
王荫西. 2009. 政策工具的价值冲突及其选择. 青岛: 中国海洋大学.
吴建升. 2015-11-12. 当年台北这样化解邻避困局. 晶报, A12.
吴卫星. 2014. 我国环境权理论研究三十年之回顾、反思与前瞻. 法学评论, (5): 180-188.
谢璿. 2014. 未来五年全球电子垃圾或增 1/3. http://env.people.com.cn/n/2014/0110/c1010-24080612.html[2015-06-05].
徐丹. 2014. 公共行政改革与“垃圾围城”之困——刍议北京市城市生活垃圾管理体制. 学术论

坛, (11): 26-30.

徐海云. 2017. 拷问良知——南昌之行. http://blog.sina.com.cn/s/blog_43b5618f0102wzqo.html
　　[2017-06-19].

徐志平. 2015. 上海市社区垃圾分类工作的成绩与不足. www.cn-hw.net/html/china/201501/
　　48252.html[2016-01-02].

许志晋, 毛宝铭. 2006. 共识会议的实质及其启示. 中国科技论坛, (3): 137-140.

薛涛. 2014. 我国垃圾处理领域 PPP 发展及其改革方向探讨. 环境保护, (19): 29-31.

闫映全. 2016. 基础设施捆绑建设: 解决邻避困境的新选择. 西部法学评论, (4): 20-30.

严强. 2008. 公共政策学. 北京: 社会科学文献出版社: 92-93.

晏梦灵, 刘凌旗. 2016. 日本城市生活垃圾处理的联动机制与居民自治会的重要作用. 生态经济,
　　(2): 48-51, 68.

燕继荣. 2015. 社会资本与国家治理. 北京: 北京大学出版社.

阳平坚. 2015. 新常态下中国式邻避困境的解决思路. 社会治理, (4): 84-88.

杨朝霞. 2013. 环境权: 生态文明时代的代表性权利——以人类文明的变迁和新型权利的兴起为
　　视角. 清华法治论衡, (3): 43-62.

杨芳. 2015. 邻避运动治理: 台湾地区的经验和启示. 广州大学学报(社会科学版), (8): 53-58.

杨光斌. 2009. 公民参与和当下中国的治道变革. 社会科学研究, (1): 18-30.

杨贵庆. 2002. 试析当今美国城市规划的公众参与. 国外城市规划, (2): 2-5, 33.

杨海. 2016-02-03. 北京"拾荒者江湖". 中国青年报, 009.

杨宏山, 李娉. 2018. 城市治理中的双重联盟与冲突解决. 学术研究, (5): 36-42.

杨洪刚. 2011. 中国环境政策工具的实施效果与优化选择. 上海: 复旦大学出版社: 90-100.

杨叙. 2003. 垃圾回收: 丹麦社区环保的重中之重. 社区, (15): 26-27.

叶前. 2010. "垃圾围城"考验政府行政. 瞭望, (9): 32-34.

尹瑛. 2014. 环境风险决策中公众参与的行动逻辑——对国内垃圾焚烧争议事件传播过程的考
　　察. 青年记者, (35): 10-11.

俞可平. 1999. 治理和善治引论. 马克思主义与现实, (5): 37-41.

俞可平. 2006-12-19. 公民参与的几个理论问题. 学习时报, 005.

郁建兴, 王诗宗. 2010. 治理理论的中国适用性. 哲学研究, (11): 114-120, 129.

郁建兴, 王诗宗, 杨帆. 2017. 当代中国治理研究的新议程. 中共浙江省委党校学报, (1): 28-38.

曾繁旭. 2007. 环保 NGO 的议题建构与公共表达——以自然之友建构"保护藏羚羊"议题为个
　　案. 国际新闻界, (10): 14-18.

曾无己, 张协奎. 2007. 城市垃圾填埋场水环境污染控制初探. 基建优化, (1): 66-68.

张北海. 1995. 垃圾政治垃圾史. 绿叶, (4): 42-45.

张国庆. 2004. 公共政策分析. 上海: 复旦大学出版社: 233.

张辉. 2017-01-09. 日韩如何化解邻避冲突? 政府、企业、环保社会组织及公众参与缺一不可. 中
　　国环境报, 004.

张紧跟. 2014. 从抗争性冲突到参与式治理: 广州垃圾处理的新趋向. 中山大学学报(社会科学
　　版), (4): 160-168.

张紧跟. 2017. 制造同意: 广州市政府治理邻避冲突的策略. 武汉大学学报(哲学社会科学版),
　　(3): 111-120.

张康之. 2006. 走向合作治理的历史进程. 湖南社会科学, (4): 31-36.

张康之. 2014. 论高度复杂性条件下的社会治理变革. 国家行政学院学报, (4): 52-58.

张莉萍. 2011. 中国电子废弃物管理政策述评. 鄱阳湖学刊, (2): 35-42.

张莉萍, 张中华. 2016. 城市生活垃圾源头分类中居民集体行动的困境及克服. 武汉大学学报(哲学社会科学版), (6): 50-56.

张书旗. 2014-09-12. 京城拾荒者"被撵来撵去"的生活. 新华每日电讯, 014.

张雪飞. 2016-11-09. 法国多举措应对核电"邻避效应". 中国信息报, 006.

张越, 唐旭. 2014. 欧美生活垃圾服务成本研究述评. 城市问题, (11): 73-78.

赵海博. 2018-04-19. 德国缘何拥有全球最高垃圾利用率. 文汇报, 007.

郑磊. 2014. 北京垃圾分类试点 14 年: 七成以上垃圾需二次分拣. http://society.people.com.cn/n/2014/1117/c136657-26035233.html[2015-07-02].

郑琪瑶, 谢建炫. 2015. 城市居民对生活垃圾处理费支付意愿的实证研究——以杭州市为例. 特区经济, (12): 40-42.

中国恩菲. 2016. 中国恩菲投资无锡锡东生活垃圾焚烧发电 BOT 项目复工. http://huanbao.bjx.com.cn/news/20161215/796978.shtml[2017-06-06].

中国家用电器研究院. 2017. 中国废弃电器电子产品回收处理及综合利用行业白皮书 2016 版. http://www.sohu.com/a/155858477_357509[2017-07-10].

中华人民共和国国家统计局. 2016. 2016 中国统计年鉴. 北京: 中国统计出版社.

中华人民共和国环境保护部. 2015. 2015 年全国大、中城市固体废物污染环境防治年报. http://trhj.mee.gov.cn/dtxx/201604/P020160427354473293891.pdf[2019-0702].

中华人民共和国环境保护部. 2016. 2016 年全国大、中城市固体废物污染环境防治年报. http://trhj.mee.gov.cn/gtfwhjgl/zhgl/201611/P020161123507795479700.pdf[2016-11-23].

中山大学人类学系. 2003. 汕头贵屿电子垃圾拆解业的人类学调查报告. https://www.greenpeace.org.cn/china/Global/china/_planet-2/report/2007/11/guiyu-report.pdf[2009-04-23].

中央编译局比较政治与经济研究中心, 北京大学中国政府创新研究中心. 2009. 公共参与手册. 北京: 社会科学文献出版社: 3.

周咏馨, 黄国华, 高荣, 等. 2015. 生态环境产权保护视角下的垃圾处理问题研究. 城市发展研究, (9): 29-32.

朱碧雯. 2016. "买玻璃的钱, 怎么买得到钻石?" 垃圾焚烧低价竞争事件调查. 中华建设, (4): 14-17.

朱丹. 2014. 共同治理下的城市餐厨垃圾回收逆向物流系统. 厦门理工学院学报, (6): 21-27.

朱秋云. 1999. 世界上第一个包装废弃物回收利用系统——绿点-德国回收利用系统股份公司 (DSD). 再生资源研究, (4): 41-43, 46.

邹积超. 2014. 邻避问题化解的法治路径——以杭州中泰九峰垃圾焚烧厂事件为例. 环境保护, (16): 51-54.

Hoornweg D, Lam P, Chaudhry M. 2005. 中国固体废弃物管理: 问题和建议. http://documents.shihang.org/curated/zh/875271468015550116/pdf/332100CHINESE011Waste1Management1cn.pdf[2012-06-06].

OECD. 1996. 环境管理中的经济手段. 北京: 中国环境科学出版社: 8-9.

Ahmed S A, Ali S M. 2006. People as partners: facilitating people's participation in public-private partnerships for solid waste management. Habitat International, (4): 781-796.

Arnstein S R. 1969. A ladder of citizen participation. Journal of the American Institute of Planners, (4): 216-224.

Asase M, Yanful E K, Mensah M, et al. 2009. Comparison of municipal solid waste management systems in Canada and Ghana: a case study of the cities of London, Ontario, and Kumasi,Ghana. Waste Management, (10): 2779.

Chakrabarti S, Majumder A, Chakrabarti S. 2009. Public-community participation in household waste management in India: an operational approach. Habitat International, (1): 125-130.

Glaberson W. 1988-06-19. Coping in the age of NIMBY. New York Times, 001.

Commission on Global Governance. 1995. Our Global Neighbourhood. Oxford: Oxford University Press: 23.

Hoornweg D, Bhada-Tata P. 2012. What a waste: a global review of solid waste management. Washington DC: The World Bank: 2.

Hoornweg D, Thomas L, Varma K. 1999. What a waste: solid waste management in Asia. Washington DC: The World Bank: 1.

Johnson R J, Scicchitano M J. 2012. Don't call me NIMBY: public attitudes toward solid waste facilities. Environment & Behavior, (3): 410-426.

Joseph K. 2006. Stakeholder participation for sustainable waste management. Habitat International, (4): 863-871.

Kunreuther H, Susskind L. 1991. The facility siting credo: guidelines for an effective facility siting process. http://web.mit.edu/publicdisputes/practice/credo.pdf[2019-07-02].

Levi M. 1996. Social and unsocial capital: a review essay of Robert Putnam's Making Democracy Work. Politics & Society, (1): 45-55.

Minichilli F, Bartolacci S, Buiatti E, et al. 2005. A study on mortality around six municipal solid waste landfills in Tuscany Region. Epidemiologia & Prevenzione, (5-6 Suppl): 53-56.

Nakazawa. 2016. The politics of distributive equity in conflicts over locally unwanted facility siting: in ward waste disposal in the 23 wards of Tokyo. James Cook University.

O'Hare M H, Bacow L, Sanderson D. 1983. Facility Siting and Public Opposition. New York: Van Nostrand Reinhold.

Peters G B. 2000. Governance and comparative politics//Pierre J. Debating Governance: Authority, Steering, and Democracy. New York: Oxford University Press: 36-53.

Portney K E. 1984. Allaying the NIMBY syndrome: the potential for compensation in hazardous waste treatment facility siting. Hazardous Waste, (3): 411-421.

Pradhan U M. 2009. Sustainable solid waste management in a mountain ecosystem: Darjeeling, West Bengal, India. University of Manitoba.

Puckett J, Byster L, Westervelt S, et al. 2002. Exporting harm: the high-tech trashing of Asia. http://www.ban.org/E-waste/ technotrashfinalcomp.pdf[2012-12-27].

Pukkala E, Pönkä A. 2001. Increased incidence of cancer and asthma in houses built on a former dump area. Environmental Health Perspectives, (11): 1121-1125.

Rabe B G. 1994. Beyond NIMBY: Hazardous Waste Siting in Canada and the United States.

Washington DC: Brookings Institution Press.

Sax J L. 1971. The public trust: a new character of environmental rights//Sax J L. Defending the Environment: A Strategy for Citizen Action. New York: Alfred A. Knopf: 158-174.

Schwarzer S, de Bono A, Giuliani G, et al. 2012. E-waste, the hidden side of IT equipment's manufacturing and use. https://archive-ouverte.unige.ch/unige:23132[2019-07-02].

Shen H, Yu Y. 1996. Social and economic factors in the spread of the NIMBY syndrome against waste disposal sites in Taiwan. Journal of Environmental Planning & Management, (2): 124-133.

Shukor F S A, Mohammed A H, Sani S I A, et al. 2011. A Review on the success factors for community participation in solid waste management. International Conference on Management.

Tukahirwa J T, Mol A P J, Oosterveer P. 2010. Civil society participation in urban sanitation and solid waste management in Uganda. Local Environment, (1): 1-14.

Visvanathan C, Glawe U, Box P, et al. 2006. Domestic solid waste management in South Asian countries—a comparative analysis 2. solid waste generation. Kathmandu: 3R South Asia Expert Workshop.

Wagner T P. 2008. Reframing garbage: solid waste policy formulation in Nova Scotia. Canadian Public Policy, (4): 459-476.

Whitaker G P. 1980. Coproduction: citizen participation in service delivery. Public Administration Review, (3): 240-246.

Wiedemann P M, Femers S. 1993. Public participation in waste management decision making: analysis and management of conflicts. Journal of Hazardous Materials, (3): 355-368.